水利工程生产经营单位安全生产管理违规行为分类标准条文解读

崔晋 主编

中国水利水电出版社
www.waterpub.com.cn
·北京·

内 容 提 要

水利部监督安〔2022〕1号文件中明确了项目法人、勘察（测）设计单位、监理单位的安全生产管理违规行为分类标准，其中涉及项目法人50条、勘察（测）设计单位27条、监理单位54条。本书对这些条的违规行为进行了详细解读，逐一列出该条款所涉及的法律法规及规范性文件的内容，并对应开展的基础工作做出描述，为指导水利工程项目法人、勘察（测）设计单位、监理单位准确理解条款要求，有效开展安全生产工作提供帮助。

本书可作为水利工程项目法人、勘察（测）设计单位、监理单位加强项目安全生产管理工作的重要资料和培训教材。

图书在版编目（CIP）数据

水利工程生产经营单位安全生产管理违规行为分类标准条文解读 / 崔晋主编. -- 北京：中国水利水电出版社，2024.6. -- ISBN 978-7-5226-2583-6

Ⅰ. TV513-65

中国国家版本馆CIP数据核字第2024GG3638号

书　名	水利工程生产经营单位安全生产管理违规行为分类标准条文解读 SHUILI GONGCHENG SHENGCHAN JINGYING DANWEI ANQUAN SHENGCHAN GUANLI WEIGUI XINGWEI FENLEI BIAOZHUN TIAOWEN JIEDU
作　者	崔晋　主编
出版发行	中国水利水电出版社 （北京市海淀区玉渊潭南路1号D座　100038） 网址：www.waterpub.com.cn E-mail：sales@mwr.gov.cn 电话：（010）68545888（营销中心）
经　售	北京科水图书销售有限公司 电话：（010）68545874、63202643 全国各地新华书店和相关出版物销售网点
排　版	中国水利水电出版社微机排版中心
印　刷	北京印匠彩色印刷有限公司
规　格	184mm×260mm　16开本　13印张　316千字
版　次	2024年6月第1版　2024年6月第1次印刷
印　数	0001—2000册
定　价	80.00元

凡购买我社图书，如有缺页、倒页、脱页的，本社营销中心负责调换

版权所有·侵权必究

本书编委会

主　编：崔　晋
副主编：刘喜安　刘会朋　马献峰　宋文彬
编　委：石雪源　白腾飞　李　栋　赵正时　万　钊
　　　　　张　静　张钰璇　王彭德　卢　双　张　帅
　　　　　张　宽

前言

水利工程生产经营单位包括项目法人、勘察（测）设计、监理和施工单位四方。本书针对项目法人、勘察（测）设计、监理三方进行安全生产管理违规行为分类标准条文解读，与2021年出版的《水利工程施工单位安全生产管理违规行为分类标准条文解读》（书号：ISBN 978-7-5170-9744-0）形成了一套完整的工具书。

本书依据水利部《水利工程建设安全生产监督检查清单（2022年版）》（监督安〔2022〕1号），共分为三个篇章：项目法人篇，勘察（测）设计单位篇、监理单位篇。每篇中的单项条款由三部分构成：第一部分为"违规行为标准条文"，引述以上三个违规行为清单中的条文内容；第二部分为"法律、法规、规范性文件和技术标准要求"，列示出该条款所涉及的主要法律、法规、规范性文件和技术标准的名称及相关条款；第三部分为"应开展的基础工作"，指出条款的核心要求、需要开展的基础工作及工作中的重点、难点或容易疏漏的事项。本书可以作为水利工程项目法人（建设单位）、勘察（测）设计单位、监理单位安全生产管理工作开展的重要指导性资料或培训教材。

感谢河北水务有限公司和河北省水利工程局集团有限公司在编著过程中的积极参与以及给予的大力支持。

由于作者水平有限，文中难免有疏漏和不妥之处，欢迎广大读者提出宝贵的意见和建议。

作者

2024年6月

目录

前言

项目法人篇

第一章　安全管理体系 ··· 3
第二章　安全教育培训 ··· 16
第三章　安全技术管理 ··· 21
第四章　安全过程控制 ··· 28
第五章　安全风险分级与隐患排查治理 ·· 34
第六章　防洪度汛与应急管理 ··· 44
第七章　安全事故处理 ··· 59
第八章　其他 ·· 66

勘察（测）设计单位篇

第九章　安全管理体系 ··· 81
第十章　勘察设计文件 ··· 92
第十一章　勘察设计服务 ·· 107
第十二章　其他 ··· 110

监理单位篇

第十三章　安全控制系 ··· 135
第十四章　安全过程控制 ·· 149
第十五章　其他 ··· 192

项目法人篇

第一章 安全管理体系

● **违规行为标准条文**

1. 未建立全员安全生产责任制。（一般）

◆ **法律、法规、规范性文件和技术标准要求**

《中华人民共和国安全生产法》（主席令第八十八号，2021年修正）

第四条 生产经营单位必须遵守本法和其他有关安全生产的法律、法规，加强安全生产管理，建立健全全员安全生产责任制和安全生产规章制度，加大对安全生产资金、物资、技术、人员的投入保障力度，改善安全生产条件，加强安全生产标准化、信息化建设，构建安全风险分级管控和隐患排查治理双重预防机制，健全风险防范化解机制，提高安全生产水平，确保安全生产。

平台经济等新兴行业、领域的生产经营单位应当根据本行业、领域的特点，建立健全并落实全员安全生产责任制，加强从业人员安全生产教育和培训，履行本法和其他法律、法规规定的有关安全生产义务。

第二十一条 生产经营单位的主要负责人对本单位安全生产工作负有下列职责：

（一）建立健全并落实本单位全员安全生产责任制，加强安全生产标准化建设。

《建设工程安全生产管理条例》（国务院令第393号）

第四条 建设单位、勘察单位、设计单位、施工单位、工程监理单位及其他与建设工程安全生产有关的单位，必须遵守安全生产法律、法规的规定，保证建设工程安全生产，依法承担建设工程安全生产责任。

《水利工程建设安全生产管理规定》（水利部令第50号，2019年修正）

第五条 项目法人（或者建设单位，下同）、勘察（测）单位、设计单位、施工单位、建设监理单位及其他与水利工程建设安全生产有关的单位，必须遵守安全生产法律、法规和本规定，保证水利工程建设安全生产，依法承担水利工程建设安全生产责任。

《国务院安委会办公室关于全面加强企业全员安全生产责任制工作的通知》（安委办〔2017〕29号）

二、建立健全企业全员安全生产责任制

（三）依法依规制定完善企业全员安全生产责任制。企业主要负责人负责建立、健全企业的全员安全生产责任制。企业要按照《安全生产法》《职业病防治法》等法律法规规定，参照《企业安全生产标准化基本规范》（GB/T 33000—2016）和《企业安全生产责任体系五落实五到位规定》（安监总办〔2015〕27号）等有关要求，结合企业自身实际，明确从主要负责人到一线从业人员（含劳务派遣人员、实习学生等）的安全生产责任、责任范围和考核标准。安全生产责任制应覆盖本企业所有组织和岗位，其责任内容、范围、考核标准要简明扼要、清晰明确、便于操作、适时更新。企业一线从业人员的安全生产责任制，要力求通俗易懂。

《水利水电工程施工安全管理导则》（SL 721—2015）

1.0.4 各参建单位应贯彻"安全第一，预防为主，综合治理"的方针，建立安全管理体系，落实安全生产责任制，健全规章制度，保障安全生产投入，加强安全教育培训，依靠科学管理和技术进步，提高施工安全管理水平。

4.5.1 各参建单位应建立健全以主要负责人为核心的安全生产责任制，明确各级负责人、各职能部门和各岗位的责任人员、责任范围和考核标准。

4.5.2 项目法人主要负责人应履行下列安全管理职责：
2 建立健全项目安全生产责任制，并组织检查、落实。

★ 应开展的基础工作

（1）项目法人应结合组织机构设置、人员分工情况，建立健全全员安全生产责任制，并以正式文件下发。

（2）项目法人应督促检查设计、监理、施工以及其他有关参建单位制订的安全生产责任制的制订和落实。

（3）项目法人应定期组织对各参建单位安全生产责任制的适宜性进行检查。

● 违规行为标准条文

2. 全员安全生产责任制未明确各岗位责任人员、责任范围和考核标准。（一般）

◆ 法律、法规、规范性文件和技术标准要求

《中华人民共和国安全生产法》（主席令第八十八号，2021年修正）

第二十二条 生产经营单位的全员安全生产责任制应当明确各岗位的责任人员、责任范围和考核标准等内容。

生产经营单位应当建立相应的机制，加强对全员安全生产责任制落实情况的监督考核，保证全员安全生产责任制的落实。

《国务院安委会办公室关于全面加强企业全员安全生产责任制工作的通知》（安委办〔2017〕29号）

二、建立健全企业全员安全生产责任制

（三）依法依规制定完善企业全员安全生产责任制。企业主要负责人负责建立、健全企业的全员安全生产责任制。企业要按照《安全生产法》《职业病防治法》等法律法规规定，参照《企业安全生产标准化基本规范》（GB/T 33000—2016）和《企业安全生产责任体系五落实五到位规定》（安监总办〔2015〕27号）等有关要求，结合企业自身实际，明确从主要负责人到一线从业人员（含劳务派遣人员、实习学生等）的安全生产责任、责任范围和考核标准。安全生产责任制应覆盖本企业所有组织和岗位，其责任内容、范围、考核标准要简明扼要、清晰明确、便于操作、适时更新。企业一线从业人员的安全生产责任制，要力求通俗易懂。

《水利水电工程施工安全管理导则》（SL 721—2015）

4.5.1 各参建单位应建立健全以主要负责人为核心的安全生产责任制，明确各级负责人、各职能部门和各岗位的责任人员、责任范围和考核标准。

★ 应开展的基础工作

（1）全员安全生产责任制应包括以下主要方面：一是生产经营单位的各级负责生产和经营的管理人员，在完成生产或者经营任务的同时，对保证生产安全负责；二是各职能部门的人员，对自己业务范围内有关的安全生产负责；三是班组长、特种作业人员对其岗位的安全生产工作负责；四是所有从业人员应在自己本职工作范围内做到安全生产；五是各类安全责任的考核标准以及奖惩措施。

（2）全员安全生产责任制应定岗位、定人员、定安全责任，根据岗位的实际工作情况，确定相应的人员，明确岗位职责和相应的安全生产职责，实行"一岗双责"。

（3）考核标准应明确考核人员的组成、考核频次、考核标准等。

（4）全员安全生产责任制内容全面、要求清晰、操作方便，各岗位的责任人员、责任范围及相关考核标准一目了然。

● 违规行为标准条文

3. 未建立安全生产责任制落实情况的考核机制，或未开展监督考核。（一般）

◆ 法律、法规、规范性文件和技术标准要求

《中华人民共和国安全生产法》（主席令第八十八号，2021年修正）

第二十二条 生产经营单位的全员安全生产责任制应当明确各岗位的责任人员、责任范围和考核标准等内容。

生产经营单位应当建立相应的机制，加强对全员安全生产责任制落实情况的监督考核，保证全员安全生产责任制的落实。

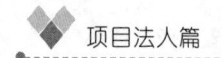

《国务院安委会办公室关于全面加强企业全员安全生产责任制工作的通知》（国务院安委会办公室 安委办〔2017〕29号）

二、建立健全企业全员安全生产责任制

（六）加强落实企业全员安全生产责任制的考核管理。企业要建立健全安全生产责任制管理考核制度，对全员安全生产责任制落实情况进行考核管理。要健全激励约束机制，通过奖励主动落实、全面落实责任，惩处不落实责任、部分落实责任，不断激发全员参与安全生产工作的积极性和主动性，形成良好的安全文化氛围。

《水利水电工程施工安全管理导则》（SL 721—2015）

4.5.10 各参建单位每季度应对各部门、人员安全生产责任制落实情况进行检查、考核，并根据考核标准进行奖惩。

★ 应开展的基础工作

（1）建立完善全员安全生产责任制监督、考核、奖惩的相关制度。

（2）每季度应对各部门、人员安全生产责任制落实情况进行检查、考核，并根据考核标准进行奖惩。

（3）考核内容要与责任制中对应的责任相结合，并进行量化打分。

● 违规行为标准条文

4. 未建立、健全安全生产规章制度。（一般）

◆ 法律、法规、规范性文件和技术标准要求

《中华人民共和国安全生产法》（主席令第八十八号，2021年修正）

第四条 生产经营单位必须遵守本法和其他有关安全生产的法律、法规，加强安全生产管理，建立健全全员安全生产责任制和安全生产规章制度，加大对安全生产资金、物资、技术、人员的投入保障力度，改善安全生产条件，加强安全生产标准化、信息化建设，构建安全风险分级管控和隐患排查治理双重预防机制，健全风险防范化解机制，提高安全生产水平，确保安全生产。

平台经济等新兴行业、领域的生产经营单位应当根据本行业、领域的特点，建立健全并落实全员安全生产责任制，加强从业人员安全生产教育和培训，履行本法和其他法律、法规规定的有关安全生产义务。

第二十五条 生产经营单位的安全生产管理机构以及安全生产管理人员履行下列职责：

（一）组织或者参与拟订本单位安全生产规章制度、操作规程和生产安全事故应急救援预案。

《企业安全生产标准化基本规范》(GB/T 33000—2016)
5 核心要求
5.2 制度化管理
5.2.2 规章制度

企业应建立健全安全生产和职业卫生规章制度,并征求工会及从业人员意见和建议,规范安全生产和职业卫生管理工作。

企业应确保从业人员及时获取制度文本。

企业安全生产和职业卫生规章制度包括但不限于下列内容:
——目标管理;
——安全生产和职业卫生责任制;
——安全生产承诺;
——安全生产投入;
——安全生产信息化;
——四新(新技术、新材料、新工艺、新设备设施)管理;
——文化、记录和档案管理;
——安全风险管理、隐患排查治理;
——职业危害防治;
——教育培训;
——班组安全活动;
——特种作业人员管理;
——建设项目安全设施、职业病防护设施"三同时"管理;
——设备设施管理;
——施工和检维修安全管理;
——危险物品管理;
——危险作业安全管理;
——安全警示标志管理;
——安全预测预警;
——安全生产奖惩管理;
——相关方安全管理;
——变更管理;
——个体防护用品管理;
——应急管理;
——事故管理;
——安全生产报告;
——绩效评定管理。

《水利水电工程施工安全管理导则》(SL 721—2015)

5.1.2 项目法人应及时组织有关参建单位识别适用的安全生产法律、法规、规章、制度和标准,并于工程开工前将《适用的安全生产法律、法规、规章、制度和标准的清单》书面通知各参建单位。各参建单位应将法律、法规、规章、制度和标准的相关要求转化为内部管理制度贯彻执行。

对国家、行业主管部门新发布的安全生产法律、法规、规章、制度和标准,项目法人应及时组织参建单位识别,并将适用的文件清单及时通知有关参建单位。

5.1.3 工程开工前,项目法人应组织制订各项安全生产管理制度,并报项目主管部门备案;涉及各参建单位的安全生产管理制度,应书面通知相关单位;各参建单位的安全生产管理制度应报项目法人备案。

5.1.4 项目法人应建立但不限于以下安全生产管理制度:

1 安全目标管理制度;
2 安全生产责任制度;
3 安全生产费用管理制度;
4 安全技术措施审查制度;
5 安全设施"三同时"管理制度;
6 安全生产教育培训制度;
7 生产安全事故隐患排查治理制度;
8 重大危险源和危险物品管理制度;
9 安全防护设施、生产设施及设备、危险性较大的专项工程、重大事故隐患治理验收制度;
10 安全例会制度;
11 消防、社会治安管理制度;
12 安全档案管理制度;
13 应急管理制度;
14 事故管理制度等。

《水利工程项目法人安全生产标准化评审标准》(水利部办安监〔2018〕52号)

2.2.1 及时将识别、获取的安全生产法律法规和其他要求转化为本单位规章制度,结合本单位实际,建立健全安全生产规章制度体系。规章制度应包括但不限于:

1. 安全目标管理;
2. 安全生产责任制;
3. 安全生产费用管理;
4. 安全技术措施审查;
5. 安全设施"三同时"管理;
6. 安全生产教育培训;
7. 安全风险管理;
8. 生产安全事故隐患排查治理;
9. 重大危险源和危险物品管理;
10. 安全防护设施、生产设施及设备、危险性较大的单项工程、重大事故隐患治理验收；
　　11. 安全例会；
　　12. 消防管理；
　　13. 文件、记录、档案管理；
　　14. 应急管理；
　　15. 事故管理等。
监督检查参建单位开展此项工作。
　　2.2.2　将安全生产规章制度发放到相关工作岗位。
监督检查参建单位开展此项工作。

★ 应开展的基础工作

　　（1）项目法人应及时组织有关参建单位识别适用的安全生产法律、法规、规章、制度和标准，并于工程开工前将《适用的安全生产法律、法规、规章、制度和标准的清单》书面通知单位。

　　（2）工程开工前，项目法人应组织制定各项安全生产管理制度，并报项目主管部门备案。

　　（3）所有制度的安全生产管理制度应以正式文件下发，并发放到相关工作岗位。

　　（4）项目法人对各参建单位安全生产法律、法规、标准、规章、制度、操作规程和内部安全生产管理制度的执行情况，每年至少应组织一次监督检查，并提出书面检查意见，印发相关单位。

● 违规行为标准条文

　　5. 主要负责人未履职。（严重）

◆ 法律、法规、规范性文件和技术标准要求

《中华人民共和国安全生产法》（主席令第八十八号，2021年修正）
第二十一条　生产经营单位的主要负责人对本单位安全生产工作负有下列职责：
　　（一）建立健全并落实本单位全员安全生产责任制，加强安全生产标准化建设；
　　（二）组织制定并实施本单位安全生产规章制度和操作规程；
　　（三）组织制定并实施本单位安全生产教育和培训计划；
　　（四）保证本单位安全生产投入的有效实施；
　　（五）组织建立并落实安全风险分级管控和隐患排查治理双重预防工作机制，督促、检查本单位的安全生产工作，及时消除生产安全事故隐患；
　　（六）组织制定并实施本单位的生产安全事故应急救援预案；
　　（七）及时、如实报告生产安全事故。

★ 应开展的基础工作

（1）主要负责人的安全生产责任应在安全生产责任制中明确，职责必须包括但不限于上述法规条款所要求的内容。

（2）主要负责人应熟知自己的安全责任。

（3）主要负责人在工作过程中应认真履职，注意留存工作痕迹（如记录、图片、视频等）。

● 违规行为标准条文

6. 主要负责人和安全生产管理人员不具备与所从事的生产经营活动相应的安全生产知识和管理能力。（一般）

◆ 法律、法规、规范性文件和技术标准要求

《中华人民共和国安全生产法》（主席令第八十八号，2021年修正）

第二十七条　生产经营单位的主要负责人和安全生产管理人员必须具备与本单位所从事的生产经营活动相应的安全生产知识和管理能力。

危险物品的生产、经营、储存、装卸单位以及矿山、金属冶炼、建筑施工、运输单位的主要负责人和安全生产管理人员，应当由主管的负有安全生产监督管理职责的部门对其安全生产知识和管理能力考核合格。考核不得收费。

危险物品的生产、储存、装卸单位以及矿山、金属冶炼单位应当有注册安全工程师从事安全生产管理工作。鼓励其他生产经营单位聘用注册安全工程师从事安全生产管理工作。注册安全工程师按专业分类管理，具体办法由国务院人力资源和社会保障部门、国务院应急管理部门会同国务院有关部门制定。

《生产经营单位安全培训规定》（安监总局令第80号，2015年修正）

第六条　生产经营单位主要负责人和安全生产管理人员应当接受安全培训，具备与所从事的生产经营活动相适应的安全生产知识和管理能力。

第七条　生产经营单位主要负责人安全培训应当包括下列内容：

（一）国家安全生产方针、政策和有关安全生产的法律、法规、规章及标准；

（二）安全生产管理基本知识、安全生产技术、安全生产专业知识；

（三）重大危险源管理、重大事故防范、应急管理和救援组织以及事故调查处理的有关规定；

（四）职业危害及其预防措施；

（五）国内外先进的安全生产管理经验；

（六）典型事故和应急救援案例分析；

（七）其他需要培训的内容。

第八条　生产经营单位安全生产管理人员安全培训应当包括下列内容：

（一）国家安全生产方针、政策和有关安全生产的法律、法规、规章及标准；

（二）安全生产管理、安全生产技术、职业卫生等知识；

（三）伤亡事故统计、报告及职业危害的调查处理方法；

（四）应急管理、应急预案编制以及应急处置的内容和要求；

（五）国内外先进的安全生产管理经验；

（六）典型事故和应急救援案例分析；

（七）其他需要培训的内容。

第九条　生产经营单位主要负责人和安全生产管理人员初次安全培训时间不得少于32学时。每年再培训时间不得少于12学时。

煤矿、非煤矿山、危险化学品、烟花爆竹、金属冶炼等生产经营单位主要负责人和安全生产管理人员初次安全培训时间不得少于48学时，每年再培训时间不得少于16学时。

★ 应开展的基础工作

（1）主要负责人和安全生产管理人员应加强安全生产知识和管理能力的学习，定期参加安全培训，满足培训时间要求。

（2）培训内容不限于上述规定的内容，并做好教育培训记录，登记建档。

● 违规行为标准条文

7. 主要负责人因未履行安全生产法规定的安全生产管理职责，导致发生生产安全事故，受刑事处罚或者撤职处分，自刑罚执行完毕或者受处分之日起，不足五年就担任本行业项目法人的主要负责人。（一般）

◆ 法律、法规、规范性文件和技术标准要求

《中华人民共和国安全生产法》（主席令第八十八号，2021年修正）

第二十一条　生产经营单位的主要负责人对本单位安全生产工作负有下列职责：

（一）建立健全并落实本单位全员安全生产责任制，加强安全生产标准化建设；

（二）组织制定并实施本单位安全生产规章制度和操作规程；

（三）组织制定并实施本单位安全生产教育和培训计划；

（四）保证本单位安全生产投入的有效实施；

（五）组织建立并落实安全风险分级管控和隐患排查治理双重预防工作机制，督促、检查本单位的安全生产工作，及时消除生产安全事故隐患；

（六）组织制定并实施本单位的生产安全事故应急救援预案；

（七）及时、如实报告生产安全事故。

第九十四条　生产经营单位的主要负责人未履行本法规定的安全生产管理职责的，责令限期改正，处二万元以上五万元以下的罚款；逾期未改正的，处五万元以上十万元以下的罚款，责令生产经营单位停产停业整顿。

生产经营单位的主要负责人有前款违法行为，导致发生生产安全事故的，给予撤职处分；构成犯罪的，依照刑法有关规定追究刑事责任。

生产经营单位的主要负责人依照前款规定受刑事处罚或者撤职处分的，自刑罚执行完毕或者受处分之日起，五年内不得担任任何生产经营单位的主要负责人；对重大、特别重大生产安全事故负有责任的，终身不得担任本行业生产经营单位的主要负责人。

★ 应开展的基础工作

（1）主要负责人员应明知法律规定的安全生产管理职责，并在工作中认真落实，确保履职到位。

（2）主要负责人应高度重视安全生产，严格开展各项安全生产管理工作，确保不发生生产安全事故。

● 违规行为标准条文

8. 未按规定设置安全生产管理机构或者未配备安全生产管理人员。（严重）

◆ 法律、法规、规范性文件和技术标准要求

《水利工程建设项目法人管理指导意见》（水利部水建设〔2020〕258号）
四、保障项目法人履职能力
（十一）水利工程建设项目法人应具备以下基本条件：
1. 具有独立法人资格，能够承担与其职责相适应的法律责任。
2. 具备与工程规模和技术复杂程度相适应的组织机构，一般可设置工程技术、计划合同、质量安全、财务、综合等内设机构。
3. 总人数应满足工程建设管理需要，大、中、小型工程人数一般按照不少于30人、12人、6人配备，其中工程专业技术人员原则上不少于总人数的50%。
4. 项目法人的主要负责人、技术负责人和财务负责人应具备相应的管理能力和工程建设管理经验。其中，技术负责人应为专职人员，有从事类似水利工程建设管理的工作经历和经验，能够独立处理工程建设中的专业问题，并具备与工程建设相适应的专业技术职称。大型水利工程和坝高大于70m的水库工程项目法人技术负责人应具备水利或相关专业高级职称或执业资格，其他水利工程项目法人技术负责人应具备水利或相关专业中级以上职称或执业资格。
5. 水利工程建设期间，项目法人主要管理人员应保持相对稳定。

《水利水电工程施工安全管理导则》（SL 721—2015）

4.1.1 水利水电工程建设项目应设立由项目法人牵头组建的安全生产领导小组，项目法人主要负责人任组长，分管安全的负责人以及设计、监理、施工等单位现场机构的主要负责人为成员。应主要履行下列职责：

1 贯彻落实国家有关安全生产的法律、法规、规章、制度和标准，制订项目安全生产总体目标及年度目标、安全生产目标管理计划；

2 组织制订项目安全生产管理制度，并落实；

3 组织编制保证安全生产措施方案和蓄水安全鉴定等工作；

4 协调解决项目安全生产工作中的重大问题等。

4.1.3 项目法人应设置专门的安全生产管理机构，配备专职的安全生产管理人员。项目法人安全生产管理机构应主要履行下列职责：

1 组织制订项目安全生产管理制度、安全生产目标、保证安全生产的措施方案，建立健全项目安全生产责任制；

2 组织审查重大安全技术措施；

3 审查施工单位安全生产许可证及有关人员的执业资格；

4 监督检查施工单位安全生产费用使用情况；

5 组织开展安全检查，组织召开安全例会，组织年度安全考核、评比，提出安全奖惩建议；

6 负责日常安全管理工作，作好施工重大危险源、重大生产安全事故隐患及事故统计、报告工作，建立安全生产档案；

7 负责办理安全生产监督手续；

8 协助生产安全事故调查处理工作；

9 监督检查监理单位的安全监理工作；

10 负责安全生产领导小组的日常工作等。

《水利工程项目法人安全生产标准化评审标准》（水利部办安监〔2018〕52号）

1.2.1 成立由主要负责人、其他领导班子成员、有关部门负责人和各参建单位现场负责人等为成员的项目安全生产委员会（安全生产领导小组），人员变化及时调整发布。

监督检查参建单位开展此项工作。

1.2.2 按规定设置安全生产管理机构。

监督检查参建单位开展此项工作。

1.2.3 按规定配备专（兼）职安全生产管理人员，建立健全安全生产管理网络。

监督检查参建单位开展此项工作。

★ 应开展的基础工作

（1）项目法人应成立安全生产领导小组，明确名单和职责，并以正式文件发布，人员发生变化，应及时调整发布。

（2）项目法人应设置安全管理的职能部门，成立职能部门的文件应以正式文件发布。

（3）项目法人应按上述规定配齐配足专（兼）职安全生产管理人员。

● 违规行为标准条文

9. 其他负责人、安全生产管理机构以及安全生产管理人员未履职。（严重）

◆ 法律、法规、规范性文件和技术标准要求

《中华人民共和国安全生产法》（主席令第八十八号，2021年修正）

第二十五条 生产经营单位的安全生产管理机构以及安全生产管理人员履行下列职责：

（一）组织或者参与拟订本单位安全生产规章制度、操作规程和生产安全事故应急救援预案；

（二）组织或者参与本单位安全生产教育和培训，如实记录安全生产教育和培训情况；

（三）组织开展危险源辨识和评估，督促落实本单位重大危险源的安全管理措施；

（四）组织或者参与本单位应急救援演练；

（五）检查本单位的安全生产状况，及时排查生产安全事故隐患，提出改进安全生产管理的建议；

（六）制止和纠正违章指挥、强令冒险作业、违反操作规程的行为；

（七）督促落实本单位安全生产整改措施。

生产经营单位可以设置专职安全生产分管负责人，协助本单位主要负责人履行安全生产管理职责。

第二十六条 生产经营单位的安全生产管理机构以及安全生产管理人员应当恪尽职守，依法履行职责。

生产经营单位作出涉及安全生产的经营决策，应当听取安全生产管理机构以及安全生产管理人员的意见。

生产经营单位不得因安全生产管理人员依法履行职责而降低其工资、福利等待遇或者解除与其订立的劳动合同。

危险物品的生产、储存单位以及矿山、金属冶炼单位的安全生产管理人员的任免，应当告知主管的负有安全生产监督管理职责的部门。

《水利安全生产监督管理办法（试行）》（水利部水监督〔2021〕412号）

第十条 水利生产经营单位的主要负责人是本单位安全生产第一负责人，对本单位的安全生产工作全面负责，其他负责人对职责范围内的安全生产工作负责。水利生产经营单位可以设置专职安全生产分管负责人，协助本单位主要负责人履行安全生产管理职责。

《水利水电工程施工安全管理导则》（SL 721—2015）

4.1.3 项目法人应设置专门的安全生产管理机构，配备专职的安全生产管理人员。

项目法人安全生产管理机构应主要履行下列职责：

1 组织制订项目安全生产管理制度、安全生产目标、保证安全生产的措施方案，建立健全项目安全生产责任制；

2 组织审查重大安全技术措施；

3 审查施工单位安全生产许可证及有关人员的执业资格；

4 监督检查施工单位安全生产费用使用情况；

5 组织开展安全检查，组织召开安全例会，组织年度安全考核、评比，提出安全奖惩建议；

6 负责日常安全管理工作，做好施工重大危险源、重大生产安全事故隐患及事故统计、报告工作，建立安全生产档案；

7 负责办理安全生产监督手续；

8 协助生产安全事故调查处理工作；

9 监督检查监理单位的安全监理工作；

10 负责安全生产领导小组的日常工作等。

4.5.3 项目法人专职安全生产管理人员应履行下列安全生产管理职责：

1 贯彻执行安全生产法律、法规、规章、制度和标准，参与编制项目安全生产管理制度、安全生产目标管理计划、保证安全生产措施方案和生产安全事故应急预案；

2 协助项目法人主要负责人与各参建单位签订安全生产目标责任书；

3 组织本单位人员安全教育培训，监督检查其他参建单位安全教育培训情况；

4 参与审查重大安全生产技术措施；

5 审查施工单位安全生产许可证，监督检查项目特种作业人员的安全培训、考核、持证情况；

6 参与进场设施设备、危险性较大单项工程的验收；

7 复核安全生产费用使用计划，监督落实安全生产措施；

8 参与工程重点部位、关键环节的安全技术交底；

9 组织或参与生产安全事故隐患排查治理和应急救援预案演练监督落实安全生产措施；

10 报告生产安全事故，并协助调查、处理；

11 整理项目安全生产管理资料等。

★ 应开展的基础工作

（1）其他负责人对职责范围内的安全生产工作负责。

（2）安全生产管理机构和安全生产管理人员应明晰上述法律法规中明确规定的职责，必须尽职尽责，履职到位。

（3）安全生产管理人员在工作过程中应按职责认真履职，且注意留存工作痕迹（记录、图片、视频等）。

（4）项目法人应组织开展安全生产责任制落实情况的检查，发现未履职的或履职不到位的应及时整改。

第二章

安全教育培训

● **违规行为标准条文**

10. 未按规定对本单位从业人员进行安全生产教育和培训，或本单位从业人员未经安全生产教育培训合格上岗。（一般）

◆ **法律、法规、规范性文件和技术标准要求**

《中华人民共和国安全生产法》（主席令第八十八号，2021年修正）

第二十八条 生产经营单位应当对从业人员进行安全生产教育和培训，保证从业人员具备必要的安全生产知识，熟悉有关的安全生产规章制度和安全操作规程，掌握本岗位的安全操作技能，了解事故应急处理措施，知悉自身在安全生产方面的权利和义务。未经安全生产教育和培训合格的从业人员，不得上岗作业。

生产经营单位使用被派遣劳动者的，应当将被派遣劳动者纳入本单位从业人员统一管理，对被派遣劳动者进行岗位安全操作规程和安全操作技能的教育和培训。劳务派遣单位应当对被派遣劳动者进行必要的安全生产教育和培训。

生产经营单位接收中等职业学校、高等学校学生实习的，应当对实习学生进行相应的安全生产教育和培训，提供必要的劳动防护用品。学校应当协助生产经营单位对实习学生进行安全生产教育和培训。

生产经营单位应当建立安全生产教育和培训档案，如实记录安全生产教育和培训的时间、内容、参加人员以及考核结果等情况。

《生产经营单位安全培训规定》（安监总局令第80号，2015年修正）

第四条 生产经营单位应当进行安全培训的从业人员包括主要负责人、安全生产管理人员、特种作业人员和其他从业人员。

生产经营单位使用被派遣劳动者的，应当将被派遣劳动者纳入本单位从业人员统一管理，对被派遣劳动者进行岗位安全操作规程和安全操作技能的教育和培训。劳务派遣单位应当对被派遣劳动者进行必要的安全生产教育和培训。

生产经营单位接收中等职业学校、高等学校学生实习的，应当对实习学生进行相应的安全生产教育和培训，提供必要的劳动防护用品。学校应当协助生产经营单位对实习学生进行安全生产教育和培训。

生产经营单位从业人员应当接受安全培训，熟悉有关安全生产规章制度和安全操作规程，具备必要的安全生产知识，掌握本岗位的安全操作技能，了解事故应急处理措施，知悉自身在安全生产方面的权利和义务。

未经安全培训合格的从业人员，不得上岗作业。

《水利水电工程施工安全管理导则》（SL 721—2015）

8.1.2　各参建单位应定期对从业人员进行安全生产教育和培训，保证从业人员具备必要的安全生产知识，熟悉安全生产有关法律法规、规章制度和安全操作规程，掌握本岗位的安全操作技能。

8.1.3　各参建单位每年至少应对管理人员和作业人员进行一次安全生产教育培训，并经考试确认其能力符合岗位要求，其教育培训情况记入个人工作档案。

安全生产教育培训考核不合格的人员，不得上岗。

8.2.1　各参建单位的现场主要负责人和安全生产管理人员应接受安全教育培训，具备与其所从事的生产经营活动相应的安全生产知识和管理能力。

8.2.6　其他参建单位主要负责人和安全生产管理人员初次安全生产教育培训时间不得少于32学时。每年接受再教育时间不得少于12学时。

8.3.4　其他参建单位新上岗的从业人员，岗前教育培训时间不得少于24学时，以后每年接受教育培训的时间不得少于8学时。

★　应开展的基础工作

（1）项目法人应结合实际制定教育培训制度，明确培训对象与内容、组织与管理、检查与考核等要求。

（2）项目法人应制定年度培训计划。培训计划应结合项目施工的内容和进度，合理确定培训人员和培训时间，并根据实际变化适当调整。

（3）按培训计划对全体从业人员进行安全生产和教育培训，对培训效果进行评价，并根据评价结论进行改进，建立教育培训记录、档案。

（4）从业人员的培训学时应满足以上标准规范的规定。

（5）监督检查参建单位特种作业人员持证上岗以及参建单位自有人员和对其分包单位进行安全教育培训的管理情况。

● 违规行为标准条文

11. 未按规定对本单位被派遣劳动者、灵活用工人员、实习学生进行安全生产教育和培训，或者未按规定如实告知有关安全生产事项。（一般）

◆　法律、法规、规范性文件和技术标准要求

《中华人民共和国安全生产法》（主席令第八十八号，2021年修正）

第二十八条　生产经营单位应当对从业人员进行安全生产教育和培训，保证从业人员

具备必要的安全生产知识,熟悉有关的安全生产规章制度和安全操作规程,掌握本岗位的安全操作技能,了解事故应急处理措施,知悉自身在安全生产方面的权利和义务。未经安全生产教育和培训合格的从业人员,不得上岗作业。

生产经营单位使用被派遣劳动者的,应当将被派遣劳动者纳入本单位从业人员统一管理,对被派遣劳动者进行岗位安全操作规程和安全操作技能的教育和培训。劳务派遣单位应当对被派遣劳动者进行必要的安全生产教育和培训。

生产经营单位接收中等职业学校、高等学校学生实习的,应当对实习学生进行相应的安全生产教育和培训,提供必要的劳动防护用品。学校应当协助生产经营单位对实习学生进行安全生产教育和培训。

生产经营单位应当建立安全生产教育和培训档案,如实记录安全生产教育和培训的时间、内容、参加人员以及考核结果等情况。

第四十四条 生产经营单位应当教育和督促从业人员严格执行本单位的安全生产规章制度和安全操作规程;并向从业人员如实告知作业场所和工作岗位存在的危险因素、防范措施以及事故应急措施。

生产经营单位应当关注从业人员的身体、心理状况和行为习惯,加强对从业人员的心理疏导、精神慰藉,严格落实岗位安全生产责任,防范从业人员行为异常导致事故发生。

《生产经营单位安全培训规定》(安监总局令第80号,2015年修正)

第四条 生产经营单位应当进行安全培训的从业人员包括主要负责人、安全生产管理人员、特种作业人员和其他从业人员。

生产经营单位使用被派遣劳动者的,应当将被派遣劳动者纳入本单位从业人员统一管理,对被派遣劳动者进行岗位安全操作规程和安全操作技能的教育和培训。劳务派遣单位应当对被派遣劳动者进行必要的安全生产教育和培训。

生产经营单位接收中等职业学校、高等学校学生实习的,应当对实习学生进行相应的安全生产教育和培训,提供必要的劳动防护用品。学校应当协助生产经营单位对实习学生进行安全生产教育和培训。

生产经营单位从业人员应当接受安全培训,熟悉有关安全生产规章制度和安全操作规程,具备必要的安全生产知识,掌握本岗位的安全操作技能,了解事故应急处理措施,知悉自身在安全生产方面的权利和义务。

未经安全培训合格的从业人员,不得上岗作业。

《水利水电工程施工安全管理导则》(SL 721—2015)

8.4.6 各参建单位应当对外来参观、学习等人员进行可能接触到的危害及应急知识的教育和告知。

★ 应开展的基础工作

(1)项目法人应将被派遣劳动者纳入本单位从业人员统一管理,对被派遣劳动者进行岗位安全操作规程和安全操作技能的教育和培训。

（2）项目法人接收中等职业学校、高等学校学生实习的，应对实习学生进行相应的安全生产教育和培训，提供必要的劳动防护用品。

（3）对外来人员进行安全教育，主要内容应包括：安全规定、可能接触到的危险有害因素、职业病危害防护措施、应急知识等。由专人带领做好相关监护工作。

● 违规行为标准条文

12. 未建立本单位从业人员安全生产教育和培训档案，未如实记录安全生产教育和培训的时间、内容、参加人员以及考核结果等情况。（一般）

◆ 法律、法规、规范性文件和技术标准要求

《中华人民共和国安全生产法》（主席令第八十八号，2021年修正）

第二十八条　生产经营单位应当对从业人员进行安全生产教育和培训，保证从业人员具备必要的安全生产知识，熟悉有关的安全生产规章制度和安全操作规程，掌握本岗位的安全操作技能，了解事故应急处理措施，知悉自身在安全生产方面的权利和义务。未经安全生产教育和培训合格的从业人员，不得上岗作业。

生产经营单位使用被派遣劳动者的，应当将被派遣劳动者纳入本单位从业人员统一管理，对被派遣劳动者进行岗位安全操作规程和安全操作技能的教育和培训。劳务派遣单位应当对被派遣劳动者进行必要的安全生产教育和培训。

生产经营单位接收中等职业学校、高等学校学生实习的，应当对实习学生进行相应的安全生产教育和培训，提供必要的劳动防护用品。学校应当协助生产经营单位对实习学生进行安全生产教育和培训。

生产经营单位应当建立安全生产教育和培训档案，如实记录安全生产教育和培训的时间、内容、参加人员以及考核结果等情况。

《生产经营单位安全培训规定》（安监总局令第80号，2015年修正）

第二十二条　生产经营单位应当建立健全从业人员安全生产教育和培训档案，由生产经营单位的安全生产管理机构以及安全生产管理人员详细、准确记录培训的时间、内容、参加人员以及考核结果等情况。

《水利水电工程施工安全管理导则》（SL 721—2015）

8.4.2　各参建单位应建立健全从业人员安全培训档案，详细、准确记录培训考核情况。

★ 应开展的基础工作

（1）项目法人应建立本单位从业人员安全生产教育和培训档案。由安全生产管理机构以及安全生产管理人员详细、准确记录培训的时间、内容、参加人员以及考核结果等

情况。

（2）项目法人应根据培训计划，按时组织教育培训，并将教育培训情况计入个人工作档案。

（3）定时检查各参建单位是否建立安全教育培训档案，是否如实记录安全教育培训情况。对发现的问题要督促其采取措施或改正。

第三章 安全技术管理

● **违规行为标准条文**

13. 未按规定办理工程建设安全监督手续。（一般）

◆ **法律、法规、规范性文件和技术标准要求**

《水利工程建设项目法人管理指导意见》（水利部水建设〔2020〕258号）
三、明确项目法人职责
（八）项目法人对工程建设的质量、安全、进度和资金使用负首要责任，应承担以下主要职责：
4. 负责办理工程质量、安全监督及开工备案手续。

《水利工程建设项目法人工作手册（2023版）》（水利部办建设函〔2023〕1292号）
第一章 项目法人建设
二、项目法人职责
项目法人对工程建设的质量、安全、进度和资金使用负首要责任，应承担以下主要职责：
4. 负责办理工程质量、安全监督及开工备案手续。

《建筑工程施工许可管理办法》（住房城乡建设部令第52号，2021年修正）
第四条 建设单位申请领取施工许可证，应当具备下列条件，并提交相应的证明文件：
（一）依法应当办理用地批准手续的，已经办理该建筑工程用地批准手续。
（二）依法应当办理建设工程规划许可证的，已经取得建设工程规划许可证。
（三）施工场地已经基本具备施工条件，需要征收房屋的，其进度符合施工要求。
（四）已经确定施工企业。按照规定应当招标的工程没有招标，应当公开招标的工程没有公开招标，或者肢解发包工程，以及将工程发包给不具备相应资质条件的企业的，所确定的施工企业无效。
（五）有满足施工需要的资金安排、施工图纸及技术资料，建设单位应当提供建设资金已经落实承诺书，施工图设计文件已按规定审查合格。
（六）有保证工程质量和安全的具体措施。施工企业编制的施工组织设计中有根据建筑工程特点制定的相应质量、安全技术措施。建立工程质量安全责任制并落实到人。专业性较强的工程项目编制了专项质量、安全施工组织设计，并按照规定办理了工程质量、安全监督手续。

县级以上地方人民政府住房城乡建设主管部门不得违反法律法规规定，增设办理施工许可证的其他条件。

《房屋建筑和市政基础设施工程施工安全监督工作规程》（住房城乡建设部建质〔2014〕154号）

第四条 工程项目施工前，建设单位应当申请办理施工安全监督手续，并提交以下资料：

（一）工程概况；

（二）建设、勘察、设计、施工、监理等单位及项目负责人等主要管理人员一览表；

（三）危险性较大分部分项工程清单；

（四）施工合同中约定的安全防护、文明施工措施费用支付计划；

（五）建设、施工、监理单位法定代表人及项目负责人安全生产承诺书；

（六）省级住房城乡建设主管部门规定的其他保障安全施工具体措施的资料。

监督机构收到建设单位提交的资料后进行查验，必要时进行现场踏勘，对符合要求的，在5个工作日内向建设单位发放《施工安全监督告知书》。

《水利水电工程施工安全管理导则》（SL 721—2015）

4.1.3 项目法人应设置专门的安全生产管理机构，配备专职的安全生产管理人员。项目法人安全生产管理机构应主要履行下列职责：

7 负责办理安全生产监督手续；

★ 应开展的基础工作

（1）开工前，项目法人应向项目所在地主管的安全监督机构提交上述规程中所述的有关材料，办理安全监督手续。

（2）应在工程实施过程中，主动接受安全监督机构对其安全体系和行为的监督检查。

● 违规行为标准条文

14. 未按规定组织开展安全设施"三同时"工作。（一般）

◆ 法律、法规、规范性文件和技术标准要求

《中华人民共和国安全生产法》（主席令第八十八号，2021年修正）

第三十一条 生产经营单位新建、改建、扩建工程项目（以下统称建设项目）的安全设施，必须与主体工程同时设计、同时施工、同时投入生产和使用。安全设施投资应当纳入建设项目概算。

《水利部关于进一步加强水利建设项目安全设施"三同时"的通知》（水利部水安监〔2015〕298号）

四、加强监督检查，保证"三同时"制度落实到位。

水利工程建设单位应当认真落实建设项目安全设施"三同时"各项要求，对工程安全生产条件和设施进行综合分析，形成书面报告备查。我部将在今后的工作中对建设项目安全设施"三同时"落实情况和参建单位书面报告备案情况加强监督检查。同时我部将结合现有检查手段，将安全设施"三同时"落实情况作为各单位经常性考核项目，督促建设项目安全设施"三同时"落到实处。

《建设项目安全设施"三同时"监督管理办法》（安监总局令第36号，2015年修正）

第四条 生产经营单位是建设项目安全设施建设的责任主体。建设项目安全设施必须与主体工程同时设计、同时施工、同时投入生产和使用（以下简称"三同时"）。安全设施投资应当纳入建设项目概算。

★ 应开展的基础工作

（1）项目法人在建设项目初步设计时，应委托有相应资质的初步设计单位对建设项目安全设施同时进行设计，编制安全设施设计，并向安全生产监督管理部门提出审查申请。

（2）建设项目安全设施的施工，项目法人应选择由取得相应资质的施工单位进行，并要求与建设项目主体工程同时施工。

（3）项目法人应督导检查安全设施的施工，对发现的问题及时整改。

● 违规行为标准条文

15.未提供施工现场及毗邻区域内有关资料；或资料不全，不能做到真实、准确、完整。（一般）

◆ 法律、法规、规范性文件和技术标准要求

《建设工程安全生产管理条例》（国务院令第393号）

第六条 建设单位应当向施工单位提供施工现场及毗邻区域内供水、排水、供电、供气、供热、通信、广播电视等地下管线资料，气象和水文观测资料，相邻建筑物和构筑物、地下工程的有关资料，并保证资料的真实、准确、完整。

建设单位因建设工程需要，向有关部门或者单位查询前款规定的资料时，有关部门或者单位应当及时提供。

《水利工程建设安全生产管理规定》（水利部令第50号，2019年修正）

第七条 项目法人应当向施工单位提供施工现场及施工可能影响的毗邻区域内供水、排水、供电、供气、供热、通讯、广播电视等地下管线资料，气象和水文观测资料，拟建

工程可能影响的相邻建筑物和构筑物、地下工程的有关资料,并保证有关资料的真实、准确、完整,满足有关技术规范的要求。对可能影响施工报价的资料,应当在招标时提供。

《水利工程项目法人安全生产标准化评审标准》(水利部办安监〔2018〕52号)
4.1.1 向施工单位提供现场及施工可能影响的毗邻区域内供水、排水、供电、供气、供热、通讯、广播电视等地下管线资料,拟建工程可能影响的相邻建筑物和构筑物、地下工程的有关资料,并确保有关资料真实、准确、完整,满足有关技术规范要求。

★ 应开展的基础工作

(1) 项目法人应向施工单位提供现场及施工可能影响的毗邻区域内供水、排水、供电、供气、供热、通信、广播电视等地下管线资料,拟建工程可能影响的相邻建筑物和构筑物、地下工程的有关资料。并确保有关资料真实、准确、完整,满足有关技术规范要求。

(2) 对可能影响施工报价的资料,应在招标时提供。

(3) 开工前积极帮助施工单位对接地下管线相关方,解决迁移或改线等问题。

● 违规行为标准条文

16. 未组织编制保证安全生产的措施方案。(一般)

◆ 法律、法规、规范性文件和技术标准要求

《建设工程安全生产管理条例》(国务院令第393号)
第十条 建设单位在申请领取施工许可证时,应当提供建设工程有关安全施工措施的资料。

依法批准开工报告的建设工程,建设单位应当自开工报告批准之日起15日内,将保证安全施工的措施报送建设工程所在地的县级以上地方人民政府建设行政主管部门或者其他有关部门备案。

《水利工程建设安全生产管理规定》(水利部令第50号,2019年修正)
第九条 项目法人应当组织编制保证安全生产的措施方案,并自工程开工之日起15个工作日内报有管辖权的水行政主管部门、流域管理机构或者其委托的水利工程建设安全生产监督机构(以下简称安全生产监督机构)备案。建设过程中安全生产的情况发生变化时,应当及时对保证安全生产的措施方案进行调整,并报原备案机关。

保证安全生产的措施方案应当根据有关法律法规、强制性标准和技术规范的要求并结合工程的具体情况编制,应当包括以下内容:

(一)项目概况;

(二)编制依据;

（三）安全生产管理机构及相关负责人；

（四）安全生产的有关规章制度制定情况；

（五）安全生产管理人员及特种作业人员持证上岗情况等；

（六）生产安全事故的应急救援预案；

（七）工程度汛方案、措施；

（八）其他有关事项。

《水利水电工程施工安全管理导则》（SL 721—2015）

4.1.1 水利水电工程建设项目应设立由项目法人牵头组建的安全生产领导小组，项目法人主要负责人任组长，分管安全的负责人以及设计、监理、施工等单位现场机构的主要负责人为成员。应主要履行下列职责：

1 贯彻落实国家有关安全生产的法律、法规、规章、制度和标准，制订项目安全生产总体目标及年度目标、安全生产目标管理计划；

2 组织制订项目安全生产管理制度，并落实；

3 组织编制保证安全生产措施方案和蓄水安全鉴定等工作；

4 协调解决项目安全生产工作中的重大问题等。

7.2.1 项目法人应组织编制保证安全生产的措施方案，并于开工报告批准之日起15日内报有管辖权的水行政主管部门及安全监督机构备案。

建设过程中情况发生变化时，应及时调整保证安全生产的措施方案，并重新备案。

★ 应开展的基础工作

开工前，项目法人应组织各参建单位根据项目实际编制安全生产的措施方案。

● 违规行为标准条文

17. 保证安全生产的措施方案内容不全，或未按规定备案，或未根据安全生产情况变化及时进行调整，并报原备案机关。（一般）

◆ 法律、法规、规范性文件和技术标准要求

《水利工程建设安全生产管理规定》（水利部令第50号，2019年修正）

第九条 项目法人应当组织编制保证安全生产的措施方案，并自工程开工之日起15个工作日内报有管辖权的水行政主管部门、流域管理机构或者其委托的水利工程建设安全生产监督机构（以下简称安全生产监督机构）备案。建设过程中安全生产的情况发生变化时，应当及时对保证安全生产的措施方案进行调整，并报原备案机关。

保证安全生产的措施方案应当根据有关法律法规、强制性标准和技术规范的要求并结合工程的具体情况编制，应当包括以下内容：

(一) 项目概况；
(二) 编制依据；
(三) 安全生产管理机构及相关负责人；
(四) 安全生产的有关规章制度制定情况；
(五) 安全生产管理人员及特种作业人员持证上岗情况等；
(六) 生产安全事故的应急救援预案；
(七) 工程度汛方案、措施；
(八) 其他有关事项。

《水利水电工程施工安全管理导则》（SL 721—2015）

7.2.1 项目法人应组织编制保证安全生产的措施方案，并于开工报告批准之日起15日内报有管辖权的水行政主管部门及安全监督机构备案。

建设过程中情况发生变化时，应及时调整保证安全生产的措施方案，并重新备案。

7.2.2 项目法人保证安全生产的措施方案应包括以下内容：

1 项目概况；
2 编制依据和安全生产目标；
3 安全生产管理机构及相关负责人；
4 安全生产的有关规章制度制定情况；
5 安全生产管理人员及特种作业人员持证上岗情况等；
6 重大危险源监测管理和安全事故隐患排查治理方案；
7 生产安全事故应急救援预案；
8 工程度汛方案；
9 其他有关事项。

★ 应开展的基础工作

（1）项目法人编制安全生产措施方案的内容应包含上述规范中的要求。

（2）项目人应于开工报告批准之日起15日内将安全生产措施方案报有管辖权的水行政主管部门及安全监督机构备案。

（3）建设过程中情况发生变化时，应及时调整保证安全生产的措施方案，并报原备案机关重新备案。

● 违规行为标准条文

18. 开工前未就落实保证安全生产的措施进行全面系统的布置，包括项目概况、编制依据、安全生产管理机构及相关负责人、安全生产的有关规章制度制定情况、安全生产管理人员及特种作业人员持证上岗情况、生产安全事故的应急救援预案、工程度汛方案和措施等。（一般）

◆ 法律、法规、规范性文件和技术标准要求

《水利工程建设安全生产管理规定》（水利部令第 50 号，2019 年修正）

第十条　项目法人在水利工程开工前，应当就落实保证安全生产的措施进行全面系统的布置，明确施工单位的安全生产责任。

《水利水电工程施工安全管理导则》（SL 721—2015）

7.6.1　项目法人应在工程开工前，组织各参建单位就落实保证安全生产措施方案进行全面系统的布置，明确各参建单位的安全生产责任，并形成会议纪要；同时组织设计单位就工程的外部环境、工程地质、水文条件对工程的施工安全可能构成的影响，工程施工对当地环境安全可能造成的影响，以及工程主体结构和关键部位的施工安全注意事项等进行设计交底。

★ 应开展的基础工作

（1）开工前，项目法人应就落实保证安全生产的措施进行全面系统的布置，明确安全生产管理机构及相关负责人、安全生产的有关规章制度制定情况、安全生产管理人员及特种作业人员持证上岗情况、生产安全事故的应急救援预案、工程度汛方案和措施以及施工单位的安全生产责任等，并形成会议纪要。

（2）建设过程中情况发生变化时，应及时调整现场安全生产措施的布置，确保安全生产。

第四章

安全过程控制

● **违规行为标准条文**

19. 未按规定监督检查各参建单位安全生产制度的执行情况、安全技术交底、现场施工安全措施落实情况。（一般）

◆ **法律、法规、规范性文件和技术标准要求**

《水利水电工程施工安全管理导则》（SL 721—2015）

5.2.4 项目法人对各参建单位安全生产法律、法规、标准、规章制度、操作规程和内部安全生产管理制度的执行情况，每年至少应组织一次监督检查，并提出书面检查意见，印发相关单位。

7.6.10 项目法人、监理单位和施工单位应当定期组织对安全技术交底情况进行检查，并填写检查记录。

★ **应开展的基础工作**

（1）项目法人应每年至少检查一次各参建单位安全生产法律、法规、标准、规章、制度、操作规程和内部安全生产管理制度的执行情况，对发现的问题提出处理意见。

（2）项目法人应结合项目施工进度，定期或不定期对各单位的安全技术交底情况进行检查，并提出修改意见。

（3）项目法人应不定期地监督检查施工安全各项措施的落实情况。

● **违规行为标准条文**

20. 未组织施工安全设计交底，未组织解决工程建设过程中的重大安全技术问题。（一般）

◆ **法律、法规、规范性文件和技术标准要求**

《水利水电工程施工安全管理导则》（SL 721—2015）

4.1.1 水利水电工程建设项目应设立由项目法人牵头组建的安全生产领导小组，项目法人主要负责人任组长，分管安全的负责人以及设计、监理、施工等单位现场机构的主要负责人为成员。应主要履行下列职责：

1　贯彻落实国家有关安全生产的法律、法规、规章、制度和标准，制订项目安全生产总体目标及年度目标、安全生产目标管理计划；

2　组织制订项目安全生产管理制度，并落实；

3　组织编制保证安全生产措施方案和蓄水安全鉴定等工作；

4　协调解决项目安全生产工作中的重大问题等。

4.1.2　安全生产领导小组每季度至少应召开一次全体会议，分析安全生产形势，研究解决安全生产工作的重大问题。会议应形成纪要，由项目法人印发各参建单位，并监督执行。

7.6.1　项目法人应在工程开工前，组织各参建单位就落实保证安全生产措施方案进行全面系统的布置，明确各参建单位的安全生产责任，并形成会议纪要；同时组织设计单位就工程的外部环境、工程地质、水文条件对工程的施工安全可能构成的影响，工程施工对当地环境安全可能造成的影响，以及工程主体结构和关键部位的施工安全注意事项等进行设计交底。

★　应开展的基础工作

（1）开工前，应组织设计单位评估工程外部环境、工程地质、水文条件对工程的施工安全可能构成的影响，工程施工对当地环境安全可能造成的影响，以及工程主体结构和关键部位的施工安全注意事项等进行设计交底，并形成交底记录，相关人员签字。

（2）若出现重大安全技术问题，项目法人应立即组织相关参建单位对重大安全技术问题进行会商，提出解决办法，及时处置，并形成会议纪要。

● 违规行为标准条文

21. 未在工程承包合同中明确安全生产费用，或未按合同执行。（一般）

◆　法律、法规、规范性文件和技术标准要求

《水利工程建设安全生产管理规定》（水利部令第 50 号，2019 年修正）

第八条　项目法人不得调减或挪用批准概算中所确定的水利工程建设有关安全作业环境及安全施工措施等所需费用。工程承包合同中应当明确安全作业环境及安全施工措施所需费用。

《企业安全生产费用提取和使用管理办法》（财政部、应急部财资〔2022〕136 号）

第十八条　建设单位应当在合同中单独约定并于工程开工日一个月内向承包单位支付至少 50% 企业安全生产费用。

总包单位应当在合同中单独约定并于分包工程开工日一个月内将至少50%企业安全生产费用直接支付分包单位并监督使用，分包单位不再重复提取。

工程竣工决算后结余的企业安全生产费用，应当退回建设单位。

《水利水电工程施工安全管理导则》（SL 721—2015）

6.1.3 项目法人在工程承包合同中明确安全生产所需费用、支付计划、使用要求、调整方式等。

★ 应开展的基础工作

（1）项目法人在工程承包合同中明确安全生产所需费用、支付计划、使用要求、调整方式等。

（2）根据安全生产需要编制安全生产费用计划，并严格审批程序，建立安全生产费用使用台账，并附支撑性材料（如发票、收据等）。

（3）按合同规定及时支付安全生产费用。

（4）督促检查各参建单位安全生产费用的计提、使用等情况。

● 违规行为标准条文

22. 调减或挪用批准概算中所确定的水利工程建设有关安全作业环境及安全施工措施等所需费用，或未按合同执行。（一般）

◆ 法律、法规、规范性文件和技术标准要求

《水利工程建设安全生产管理规定》（水利部令第50号，2019年修正）

第八条 项目法人不得调减或挪用批准概算中所确定的水利工程建设有关安全作业环境及安全施工措施等所需费用。工程承包合同中应当明确安全作业环境及安全施工措施所需费用。

《水利水电工程施工安全管理导则》（SL 721—2015）

6.1.4 水利工程建设项目招标文件中应包含安全生产费用项目清单，明确投标方应按有关规定计取，单独报价，不得删减。

6.1.5 项目法人对安全生产有特殊要求，需增加安全生产费用的，应在招标文件中说明，并列入安全生产费用项目清单。

6.2.1 项目法人不得调减或挪用批准概算中所确定的安全生产费用，应监督施工单位落实安全作业环境及安全施工措施费用。

★ 应开展的基础工作

（1）项目法人不应调减或挪用批准概算中所确定的水利工程建设有关安全作业环境及

安全施工措施等所需费用。

（2）项目法人应严格执行施工合同中关于安全生产费用的要求。

（3）监督检查施工单位安全生产费用的使用情况，并对存在的问题进行督促整改。

● 违规行为标准条文

23．未定期对安全生产费用支付、使用情况进行检查。（一般）

◆ 法律、法规、规范性文件和技术标准要求

《水利水电工程施工安全管理导则》（SL 721—2015）

6.2.9 项目法人应至少每半年组织有关参建单位和专家对安全生产费用使用落实情况进行检查，并将检查意见通知施工单位。施工单位应及时进行整改。

6.2.10 各施工单位应定期组织对本单位（包括分包单位）安全生产费用使用情况进行检查，并对存在的问题进行整改。

《水利工程项目法人安全生产标准化评审标准》（水利部办安监〔2018〕52 号）

1.4.5 每年对安全生产费用的落实情况进行检查、总结和考核，并以适当方式公开安全生产费用提取和使用情况。

监督检查参建单位开展此项工作。

★ 应开展的基础工作

（1）项目法人应至少每半年组织有关参建单位和专家对安全生产费用使用落实情况进行检查，并将检查意见通知施工单位。

（2）检查各单位是否制订安全生产费用使用计划，是否建立安全费用台账，是否提供发票或收据等支撑材料，是否按照合同规定提取，是否按规定范围使用安全费用等。

● 违规行为标准条文

24．将工程建设项目、生产经营项目、场所、设备发包或者出租给不具备安全生产条件或者相应资质的单位或者个人。（一般）

◆ 法律、法规、规范性文件和技术标准要求

《中华人民共和国安全生产法》（主席令第八十八号，2021 年修正）

第四十九条 生产经营单位不得将生产经营项目、场所、设备发包或者出租给不具备安全生产条件或者相应资质的单位或者个人。

生产经营项目、场所发包或者出租给其他单位的，生产经营单位应当与承包单位、承租单位签订专门的安全生产管理协议，或者在承包合同、租赁合同中约定各自的安全生产管理职责；生产经营单位对承包单位、承租单位的安全生产工作统一协调、管理，定期进行安全检查，发现安全问题的，应当及时督促整改。

矿山、金属冶炼建设项目和用于生产、储存、装卸危险物品的建设项目的施工单位应当加强对施工项目的安全管理，不得倒卖、出租、出借、挂靠或者以其他形式非法转让施工资质，不得将其承包的全部建设工程转包给第三人或者将其承包的全部建设工程支解以后以分包的名义分别转包给第三人，不得将工程分包给不具备相应资质条件的单位。

★ 应开展的基础工作

（1）项目法人将工程建设项目、生产经营项目、场所、设备发包或者出租给具备安全生产条件或者相应资质的单位或者个人。

（2）项目法人应与承包单位、承租单位签订专门的安全生产管理协议，或者在承包合同、租赁合同中约定各自的安全生产管理职责。

（3）项目法人对承包单位、承租单位的安全生产工作统一协调、管理，定期进行安全检查，发现安全问题的，应及时督促整改。

● 违规行为标准条文

25. 未按规定发包拆除、爆破专业工程；或拆除、爆破工程施工 15 日前，未向水行政主管部门、流域管理机构或者其委托的安全生产监督机构备案。（严重）

◆ 法律、法规、规范性文件和技术标准要求

《建设工程安全生产管理条例》（国务院令第 393 号）

第十一条　建设单位应当将拆除工程发包给具有相应资质等级的施工单位。

建设单位应当在拆除工程施工 15 日前，将下列资料报送建设工程所在地的县级以上地方人民政府建设行政主管部门或者其他有关部门备案：

（一）施工单位资质等级证明；

（二）拟拆除建筑物、构筑物及可能危及毗邻建筑的说明；

（三）拆除施工组织方案；

（四）堆放、清除废弃物的措施。

实施爆破作业的，应当遵守国家有关民用爆炸物品管理的规定。

《水利工程建设安全生产管理规定》（水利部令第 50 号，2019 年修正）

第十一条　项目法人应当将水利工程中的拆除工程和爆破工程发包给具有相应水利水电工程施工资质等级的施工单位。

项目法人应当在拆除工程或者爆破工程施工 15 日前，将下列资料报送水行政主管部门、流域管理机构或者其委托的安全生产监督机构备案：

（一）拟拆除或拟爆破的工程及可能危及毗邻建筑物的说明；

（二）施工组织方案；

（三）堆放、清除废弃物的措施；

（四）生产安全事故的应急救援预案。

《水利水电工程施工安全管理导则》（SL 721—2015）

7.2.3 项目法人应在拆除工程或者爆破工程施工 15 日前，按规定将下列资料报送项目主管部门、安全生产监督机构备案：

1 施工单位资质等级证明、爆破人员资格证书；

2 拟拆除或拟爆破的工程及可能危及毗邻建筑物的说明；

3 施工组织方案；

4 堆放、清除废弃物的措施；

5 生产安全事故的应急救援预案。

★ 应开展的基础工作

（1）项目法人应将水利工程中的拆除工程和爆破工程发包给具有相应水利水电工程施工资质等级的施工单位。

（2）项目法人应在拆除工程或者爆破工程施工 15 日前，按以上规范要求的资料报送项目水行政主管部门、流域管理机构或者其委托的安全生产监督机构备案。

第五章

安全风险分级与隐患排查治理

● 违规行为标准条文

26. 未建立安全风险分级管控制度或者未按照安全风险分级采取相应管控措施。（一般）

◆ 法律、法规、规范性文件和技术标准要求

《中华人民共和国安全生产法》（主席令第八十八号，2021年修正）

第四十一条 生产经营单位应当建立安全风险分级管控制度，按照安全风险分级采取相应的管控措施。

生产经营单位应当建立健全并落实生产安全事故隐患排查治理制度，采取技术、管理措施，及时发现并消除事故隐患。事故隐患排查治理情况应当如实记录，并通过职工大会或者职工代表大会、信息公示栏等方式向从业人员通报。其中，重大事故隐患排查治理情况应当及时向负有安全生产监督管理职责的部门和职工大会或者职工代表大会报告。

县级以上地方各级人民政府负有安全生产监督管理职责的部门应当将重大事故隐患纳入相关信息系统，建立健全重大事故隐患治理督办制度，督促生产经营单位消除重大事故隐患。

第一百零一条 生产经营单位有下列行为之一的，责令限期改正，处十万元以下的罚款；逾期未改正的，责令停产停业整顿，并处十万元以上二十万元以下的罚款，对其直接负责的主管人员和其他直接责任人员处二万元以上五万元以下的罚款；构成犯罪的，依照刑法有关规定追究刑事责任：

（一）生产、经营、运输、储存、使用危险物品或者处置废弃危险物品，未建立专门安全管理制度、未采取可靠的安全措施的；

（二）对重大危险源未登记建档，未进行定期检测、评估、监控，未制定应急预案，或者未告知应急措施的；

（三）进行爆破、吊装、动火、临时用电以及国务院应急管理部门会同国务院有关部门规定的其他危险作业，未安排专门人员进行现场安全管理的；

（四）未建立安全风险分级管控制度或者未按照安全风险分级采取相应管控措施的；

（五）未建立事故隐患排查治理制度，或者重大事故隐患排查治理情况未按照规定报告的。

《水利水电工程施工危险源辨识与风险评价导则（试行）》（水利部办监督函〔2018〕1693号）

1.7 开工前，项目法人应组织其他参建单位研究制定危险源辨识与风险管理制度，明确监理、施工、设计等单位的职责、辨识范围、流程、方法等；施工单位应按要求组织开展本标段危险源辨识及风险等级评价工作，并将成果及时报送项目法人和监理单位；项目法人应开展本工程危险源辨识和风险等级评价，编制危险源辨识与风险评价报告，主要内容及要求详见附件1。

危险源辨识与风险评价报告应经本单位安全生产管理部门负责人和主要负责人签字确认，必要时组织专家进行审查后确认。

《水利部关于开展水利安全风险分级管控的指导意见》（水利部水监督〔2018〕323号）

二、着力构建水利生产经营单位安全风险管控机制

水利生产经营单位是本单位安全风险管控工作的责任主体。各级水行政主管部门要督促水利生产经营单位落实安全风险管控责任，按照有关制度和规范，针对单位特点，建立安全风险分级管控制度，制定危险源辨识和风险评价程序，明确要求和方法，全面开展危险源辨识和风险评价，强化安全风险管控措施，切实做好安全风险管控各项工作。

《水利水电工程施工安全管理导则》（SL 721—2015）

5.1.4 项目法人应建立但不限于以下安全生产管理制度：

1 安全目标管理制度；
2 安全生产责任制度；
3 安全生产费用管理制度；
4 安全技术措施审查制度；
5 安全设施"三同时"管理制度；
6 安全生产教育培训制度；
7 生产安全事故隐患排查治理制度；
8 重大危险源和危险物品管理制度；
9 安全防护设施、生产设施及设备、危险性较大的专项工程、重大事故隐患治理验收制度；
10 安全例会制度；
11 消防、社会治安管理制度；
12 安全档案管理制度；
13 应急管理制度；
14 事故管理制度等。

《水利安全生产监督管理办法（试行）》（水利部水监督〔2021〕412号）

第十一条 水利生产经营单位应当建立安全风险分级管控制度，落实安全风险查找、研判、预警、防范、处置、责任等环节的全链条管控机制，定期开展危险源辨识，评价确定危险源风险等级，实施安全风险预警，落实监测、控制和防范措施，采取科学有效措施进行差异化处置，明确和落实各级各岗位的管控责任，并根据实际情况动态更新，按规定

报告和备案。

★ 应开展的基础工作

（1）开工前，项目法人应组织其他参建单位研究制定危险源辨识与风险管理制度，安全风险管理制度应明确风险辨识与评估的职责、范围、方法、准则和工作程序等内容。

（2）项目法人组织参建单位对安全风险进行全面、系统的辨识，编制危险源辨识和风险管控清单。

（3）项目法人应开展本工程危险源辨识和风险等级评价，编制危险源辨识与风险评价报告。

（4）根据评估结果，确定安全风险等级，实施分级分类差异化动态管理，制定并落实相应的安全风险控制措施（包括工程技术措施、管理控制措施、个体防护措施等），对安全风险进行控制。

（5）项目法人监督检查参建单位制定该项制度及落实情况。

● 违规行为标准条文

27. 未组织开展对重大危险源登记建档，未对辨识出的重大危险源进行安全评估，未编制评估报告；未进行定期检测、监控，或者未告知从业人员和相关人员在紧急情况下应当采取的应急措施。（严重）

◆ 法律、法规、规范性文件和技术标准要求

《中华人民共和国安全生产法》（主席令第八十八号，2021年修正）

第四十条　生产经营单位对重大危险源应当登记建档，进行定期检测、评估、监控，并制定应急预案，告知从业人员和相关人员在紧急情况下应当采取的应急措施。

生产经营单位应当按照国家有关规定将本单位重大危险源及有关安全措施、应急措施报有关地方人民政府应急管理部门和有关部门备案。有关地方人民政府应急管理部门和有关部门应当通过相关信息系统实现信息共享。

第一百零一条　生产经营单位有下列行为之一的，责令限期改正，处十万元以下的罚款；逾期未改正的，责令停产停业整顿，并处十万元以上二十万元以下的罚款，对其直接负责的主管人员和其他直接责任人员处二万元以上五万元以下的罚款；构成犯罪的，依照刑法有关规定追究刑事责任：

（一）生产、经营、运输、储存、使用危险物品或者处置废弃危险物品，未建立专门安全管理制度、未采取可靠的安全措施的；

（二）对重大危险源未登记建档，未进行定期检测、评估、监控，未制定应急预案，或者未告知应急措施的；

(三) 进行爆破、吊装、动火、临时用电以及国务院应急管理部门会同国务院有关部门规定的其他危险作业，未安排专门人员进行现场安全管理的；

(四) 未建立安全风险分级管控制度或者未按照安全风险分级采取相应管控措施的；

(五) 未建立事故隐患排查治理制度，或者重大事故隐患排查治理情况未按照规定报告的。

《水利部关于开展水利安全风险分级管控的指导意见》（水利部水监督〔2018〕323号）

三、健全水行政主管部门安全风险监管机制

(一) 分级分类实施监管。

水利安全风险实行分级监管。水利部指导水利行业安全风险管控工作，负责对直属单位、水利工程安全风险管控工作进行监督检查。县级以上地方人民政府水行政主管部门指导本地区的水利安全风险管控工作，负责对直属单位、水利工程安全风险管控工作进行监督检查。各级水行政主管部门应根据所属单位、水利工程的风险情况，确定不同的监督检查频次、重点内容等，实行差异化、精准化动态监管。对备案的风险等级为重大的一般危险源和重大危险源，要明确监管责任，制定监管措施，督促指导水利生产经营单位强化管控；对未有效实施监测和控制的风险等级为重大的一般危险源和重大危险源，应作为重大隐患挂牌督办。对安全风险管控不力的水利生产经营单位、水行政主管部门，要视情况实行严肃问责，违法的要严格依法查处。

《水利水电工程施工危险源辨识与风险评价导则（试行）》（水利部办监督函〔2018〕1693号）

1.9 各单位应对危险源进行登记，其中重大危险源和风险等级为重大的一般危险源应建立专项档案，明确管理的责任部门和责任人。重大危险源应按有关规定报项目主管部门和有关部门备案。

《水利水电工程施工安全管理导则》（SL 721—2015）

11.3.5 项目法人应在开工前，组织参建单位对本项目危险设施或场所进行重大危险源辨识，并确定危险等级。

11.3.6 项目法人应报请项目主管部门组织专家组或委托具有相应安全评价资质的中介机构，对辨识出的重大危险源进行安全评估，并形成评估报告。

11.3.7 安全评估报告应包括以下内容：

1 安全评估的主要依据；
2 重大危险源的基本情况；
3 危险、有害因素的辨识与分析；
4 发生的事故可能性、类型及严重程度；
5 可能影响的周边单位和人员；
6 重大危险源等级；
7 安全管理和技术措施；
8 评估结论与建议等。

11.3.8 项目法人应将危险源辨识和安全评估的结果印发各参建单位，并报项目主管部门、安全生产监督机构及有关部门备案。

11.3.9 项目法人、施工单位应针对重大危险源制订防控措施，并应登记建档。

项目法人或监理单位应组织相关参建单位对重大危险源防控措施进行验收。

11.4.1 项目法人、施工单位应建立、完善重大危险源安全管理制度，并保证其得到有效落实。

11.4.3 相关参建单位应明确重大危险源管理的责任部门和责任人，对重大危险源的安全状况进行定期检查、评估和监控，并做好记录。

11.4.7 项目法人应将重大危险源可能发生的事故后果和应急措施等信息，以适当方式告知可能受影响的单位、区域及人员。

11.4.10 各参建单位应当根据施工进展加强重大危险源的日常监督检查，对危险源实施动态的辨识、评价和控制。

★ 应开展的基础工作

（1）开工前，组织参建单位共同研究制定项目重大危险源管理制度，明确重大危险源辨识、评价和控制的职责、方法、范围、流程等要求。

（2）开工前，组织参建单位进行重大危险源辨识，确定风险等级，制定管控措施，编制评估报告；将重大危险源辨识和安全评估的结果印发各参建单位，并报项目主管部门和有关部门备案。

（3）组织制定重大危险源事故应急预案，建立应急救援组织或配备应急救援人员、必要的防护装备及应急救援器材、设备、物资，并保障其完好和方便使用。

（4）接受施工单位上报的重大危险源备案资料，监督检查参建单位针对重大危险源制定防控措施，对重大危险源是否进行动态管理。

（5）监督检查参建单位是否明确重大危险源管理的责任部门和责任人，对重大危险源的安全状况进行定期检查、评估和监控，并做好记录。

（6）监督检查参建单位在重大危险源现场设置明显的安全警示标识和警示牌。

● 违规行为标准条文

28. 未组织绘制四色安全风险空间分布图。（一般）

◆ 法律、法规、规范性文件和技术标准要求

《水利部关于开展水利安全风险分级管控的指导意见》（水利部水监督〔2018〕323号）

二、着力构建水利生产经营单位安全风险管控机制

（二）科学评定风险等级。

水利生产经营单位要根据危险源类型，采用相适应的风险评价方法，确定危险源风险等级。安全风险等级从高到低划分为重大风险、较大风险、一般风险和低风险，分别用

红、橙、黄、蓝四种颜色标示。要依据危险源类型和风险等级建立风险数据库，绘制水利生产经营单位"红橙黄蓝"四色安全风险空间分布图。其中，水利水电工程施工危险源辨识评价及风险空间分布图绘制，由项目法人组织有关参建单位开展。

《构建水利安全生产风险管控"六项机制"工作指导手册（2023年版）》（**水利部监督安函〔2022〕56号**）

第二章 工作内容
2 研判机制
2.1 科学评价风险等级
2.1.6 绘制安全风险空间分布图

水利生产经营单位应依据危险源类型、位置和风险等级，绘制本单位（工程）安全风险空间分布图，并在本单位（工程）醒目位置和重点区域进行悬挂张贴。其中，水利工程建设项目安全风险空间分布图由项目法人组织有关参建单位共同开展。

★ 应开展的基础工作

（1）项目法人应根据辨识出的危险源类型和风险等级，组织有关参建单位共同制定工程安全风险空间分布图。

（2）安全风险空间分布图应在本工程醒目位置和重点区域进行悬挂张贴。

（3）各参建单位可制定各自办公、生活区域的安全风险空间分布图，并在醒目位置进行悬挂张贴。

● 违规行为标准条文

29. 未按规定组织监理和施工单位对辨识出的重大危险源和风险等级为重大的一般危险源制定管控措施，或管控措施不全面、不具体，或未落实监督检查措施。（一般）

◆ 法律、法规、规范性文件和技术标准要求

《水利部关于开展水利安全风险分级管控的指导意见》（**水利部水监督〔2018〕323号**）
三、健全水行政主管部门安全风险监管机制
（一）分级分类实施监管。

水利安全风险实行分级监管。水利部指导水利行业安全风险管控工作，负责对直属单位、水利工程安全风险管控工作进行监督检查。县级以上地方人民政府水行政主管部门指导本地区的水利安全风险管控工作，负责对直属单位、水利工程安全风险管控工作进行监督检查。各级水行政主管部门应根据所属单位、水利工程的风险情况，确定不同的监督检查频次、重点内容等，实行差异化、精准化动态监管。对备案的风险等级为重大的一般危险源和重大危险源，要明确监管责任，制定监管措施，督促指导水利生产经营单位强化管

控；对未有效实施监测和控制的风险等级为重大的一般危险源和重大危险源，应作为重大隐患挂牌督办。对安全风险管控不力的水利生产经营单位、水行政主管部门，要视情况实行严肃问责，违法的要严格依法查处。

《水利工程项目法人安全生产标准化评审标准》（水利部办安监〔2018〕52号）

5.2.3 监督检查参建单位针对重大危险源制定防控措施，登记建档。组织相关参建单位对重大危险源防控措施落实情况进行验收。

《水利水电工程施工安全管理导则》（SL 721—2015）

11.3.9 项目法人、施工单位应针对重大危险源制订防控措施，并应登记建档。

项目法人或监理单位应组织相关参建单位对重大危险源防控措施进行验收。

★ 应开展的基础工作

（1）危险源辨识完成后，项目法人应组织监理和施工单位对辨识出的重大危险源和风险等级为重大的一般危险源制定管控措施。

（2）风险控制措施主要有风险公告、工程技术措施、管理措施、教育培训、个体防护措施等五类。

（3）重大危险源由项目法人组织监理单位、施工单位共同管控，主管部门重点监督检查。各参建单位应明确重大危险源管理的责任部门和责任人，并对重大危险源的安全状况进行定期检查，及时采取措施消除事故隐患。事故隐患难以立即排除的，应及时制定治理方案，落实整改措施、责任、资金、时限和预案。

（4）项目法人应制定监管措施，督促指导各参建单位强化管控；对未有效实施监测和控制的风险等级为重大的一般危险源和重大危险源，应作为重大隐患挂牌督办。

● 违规行为标准条文

30. 未建立健全并落实生产安全事故隐患排查治理制度，或者重大事故隐患排查治理情况未按照规定备案。（严重）

◆ 法律、法规、规范性文件和技术标准要求

《水利安全生产监督管理办法（试行）》（水利部水监督〔2021〕412号）

第十二条 水利生产经营单位应当建立健全并落实生产安全事故隐患排查治理制度，明确排查治理责任，落实排查治理经费，采取技术、管理措施，及时发现并消除事故隐患，按规定通报和报告。

《水利水电工程施工安全管理导则》（SL 721—2015）

11.1.1 各参建单位是事故隐患排查的责任主体。

各参建单位应建立健全事故隐患排查制度，逐级建立并落实从主要负责人到每个从业

人员的事故隐患排查责任制。

11.1.2 项目法人应组织有关参建单位制订事故隐患排查制度，主要内容包括隐患排查目的、内容、方法、频次和要求等；施工单位应根据项目法人事故隐患排查制度，制订本单位的事故隐患排查制度。

各参建单位主要负责人对本单位的事故隐患排查治理工作全面负责。

任何单位和个人发现重大事故隐患，均有权向项目主管部门和安全生产监督机构报告。

11.1.3 各参建单位应当根据事故隐患排查制度开展事故隐患排查，排查前应制定排查方案，明确排查的目的、范围和方法。

各参建单位应采用定期综合检查、专项检查、季节性检查、节假日检查和日常检查等方式，开展隐患排查。

对排查出的事故隐患，组织单位应及时书面通知有关单位，定人、定时、定措施进行整改，并按照事故隐患的等级建立事故隐患信息台账。

★ 应开展的基础工作

（1）项目法人应组织参建单位制定事故隐患排查制度，主要内容包括隐患排查目的、内容、方法、频次和要求等，逐级建立并落实隐患治理和监控责任制。

（2）监督检查参建单位建立健全并落实安全生产事故隐患排查治理制度，监督检查参建单位在事故隐患整改到位前采取相应的安全防范措施，防止事故发生。

● 违规行为标准条文

31. 未采取措施消除事故隐患，未如实记录事故隐患排查治理情况或者未向从业人员通报。（严重）

◆ 法律、法规、规范性文件和技术标准要求

《中华人民共和国安全生产法》（主席令第八十八号，2021年修正）

第四十一条 生产经营单位应当建立安全风险分级管控制度，按照安全风险分级采取相应的管控措施。

生产经营单位应当建立健全并落实生产安全事故隐患排查治理制度，采取技术、管理措施，及时发现并消除事故隐患。事故隐患排查治理情况应当如实记录，并通过职工大会或者职工代表大会、信息公示栏等方式向从业人员通报。其中，重大事故隐患排查治理情况应当及时向负有安全生产监督管理职责的部门和职工大会或者职工代表大会报告。

县级以上地方各级人民政府负有安全生产监督管理职责的部门应当将重大事故隐患纳入相关信息系统，建立健全重大事故隐患治理督办制度，督促生产经营单位消除重大事故

隐患。

第四十六条 生产经营单位的安全生产管理人员应当根据本单位的生产经营特点，对安全生产状况进行经常性检查；对检查中发现的安全问题，应当立即处理；不能处理的，应当及时报告本单位有关负责人，有关负责人应当及时处理。检查及处理情况应当如实记录在案。

生产经营单位的安全生产管理人员在检查中发现重大事故隐患，依照前款规定向本单位有关负责人报告，有关负责人不及时处理的，安全生产管理人员可以向主管的负有安全生产监督管理职责的部门报告，接到报告的部门应当依法及时处理。

《安全生产事故隐患排查治理暂行规定》（原安监总局令第 16 号）

第十条 生产经营单位应当定期组织安全生产管理人员、工程技术人员和其他相关人员排查本单位的事故隐患。对排查出的事故隐患，应当按照事故隐患的等级进行登记，建立事故隐患信息档案，并按照职责分工实施监控治理。

《关于进一步加强水利生产安全事故隐患排查治理工作的意见》（水利部水安监〔2017〕409 号）

四、全面排查事故隐患。

水利生产经营单位应结合实际，从物的不安全状态、人的不安全行为和管理上的缺陷等方面，明确事故隐患排查事项和具体内容，编制事故隐患排查清单，组织安全生产管理人员、工程技术人员和其他相关人员排查事故隐患。事故隐患排查应坚持日常排查与定期排查相结合，专业排查与综合检查相结合，突出重点部位、关键环节、重要时段，排查必须全面彻底，不留盲区和死角。

水利建设各参建单位和运行管理单位要按照《水利工程生产安全重大事故隐患判定标准（试行）》，其他水利生产经营单位按照相关事故隐患判定标准，对本单位存在的事故隐患级别作出判定，建立事故隐患信息档案，将排查出的事故隐患向从业人员通报。重大事故隐患须经本单位主要负责人同意，报告上级水行政主管部门。

《水利水电工程施工安全管理导则》（SL 721—2015）

11.2.2 各参建单位对于危害和整改难度较小，发现后能够立即整改排除的一般事故隐患，应立即组织整改。

11.2.3 重大事故隐患治理方案应由施工单位主要负责人组织制订，经监理单位审核，报项目法人同意后实施。项目法人应将重大事故隐患治理方案报项目主管部门和安全生产监督机构备案。

11.2.5 责任单位在事故隐患治理过程中，应采取相应的安全防范措施，防止事故发生。

事故隐患排除前或者排除过程中无法保证安全的，应从危险区域内撤出作业人员，并疏散可能危及的其他人员，设置警戒标志，暂时停止施工或者停止使用。

对暂时难以停止施工或者停止使用的储存装置、设施、设备，应当加强维护和保养，防止事故发生。

★ 应开展的基础工作

（1）事故隐患排查前应制定排查方案，明确排查的目的、范围和方法；排查方式主要包括定期综合检查、专项检查、季节性检查、节假日检查和日常检查等；对排查出的事故隐患，及时书面通知有关单位，定人、定时、定措施进行整改，并按照事故隐患的等级建立事故隐患信息台账；项目法人至少每月组织一次安全生产综合检查。

（2）对于重大事故隐患，治理方案应由施工单位主要负责人组织制定，经监理单位审核，报项目法人同意后实施。治理方案应包括下列内容：重大事故隐患描述；治理的目标和任务；采取的方法和措施；经费和物资的落实；负责治理的机构和人员；治理的时限和要求；安全措施和应急预案等。

（3）对于重大事故隐患，应及时向项目主管部门和有关部门报告，并将重大事故隐患治理方案报项目主管部门和安全监督机构备案。

（4）项目法人组织的各项安全检查应有检查记录，将发现的问题或排查出的隐患进行登记形成隐患排查清单，并判定出隐患的等级（一般事故隐患和重大事故隐患），安全检查、隐患排查应填写相关记录并保留。

（5）项目法人应督促检查各参建单位开展的事故隐患排查治理情况。

第六章

防洪度汛与应急管理

● **违规行为标准条文**

32. 有度汛要求的项目,未组织编制、审核、上报工程度汛方案和超标准洪水应急预案。(严重)

◆ **法律、法规、规范性文件和技术标准要求**

《水利工程建设安全生产管理规定》(水利部令第 50 号,2019 年修正)

第九条 项目法人应当组织编制保证安全生产的措施方案,并自工程开工之日起 15 个工作日内报有管辖权的水行政主管部门、流域管理机构或者其委托的水利工程建设安全生产监督机构(以下简称安全生产监督机构)备案。建设过程中安全生产的情况发生变化时,应当及时对保证安全生产的措施方案进行调整,并报原备案机关。保证安全生产的措施方案应当根据有关法律法规、强制性标准和技术规范的要求并结合工程的具体情况编制,应当包括以下内容:

(一)项目概况;
(二)编制依据;
(三)安全生产管理机构及相关负责人;
(四)安全生产的有关规章制度制定情况;
(五)安全生产管理人员及特种作业人员持证上岗情况等;
(六)生产安全事故的应急救援预案;
(七)工程度汛方案、措施;
(八)其他有关事项。

第二十一条 施工单位在建设有度汛要求的水利工程时,应当根据项目法人编制的工程度汛方案、措施制定相应的度汛方案,报项目法人批准;涉及防汛调度或者影响其它工程、设施度汛安全的,由项目法人报有管辖权的防汛指挥机构批准。

《水利水电工程施工通用安全技术规程》(SL 398—2007)

3.7.1 建设单位应组织成立施工、设计、监理等单位参加的工程防汛机构,负责工程安全度汛工作。组织制定度汛方案及超标准洪水的度汛预案。

《水利水电工程施工安全管理导则》(SL 721—2015)

7.5.2 度汛方案应包括防汛度汛指挥机构设置、度汛工程形象、汛期施工情况、防汛度汛工作重点，人员、设备、物资准备和安全度汛措施，以及雨情、水情、汛情的获取方式和通信保障方式等内容。防汛度汛指挥机构应由项目法人、监理单位、施工单位、设计单位主要负责人组成。

《关于加强在建水利工程安全度汛工作的指导意见》（水利部水建设〔2024〕16号）

二、严格落实安全度汛责任

（六）压实项目法人首要责任

项目法人负责建立本工程安全度汛风险查找、研判、预警、防范、处置、责任等风险管控"六项机制"，组织编制、论证、上报工程度汛方案和超标准洪水应急预案，保障工程建设进度达到安全度汛要求，建立健全应急值守制度，组织开展应急演练培训，督促落实抢险队伍和物资储备，检查度汛措施落实情况，加强与负责项目监管的流域管理机构或地方水行政主管部门、属地防汛指挥机构的沟通联系，服从统一指挥调度。

三、强化预案管理

（九）编制度汛方案

项目法人应当依据批准的设计文件、施工组织设计或年度实施方案、《在建水利工程度汛方案编制指南》（见附件2）组织编制工程度汛方案，并报负责项目监管的流域管理机构或地方水行政主管部门备案（见附件1）。水行政主管部门负责监管的重点工程度汛方案，需通过专家咨询论证后报负责项目监管的流域管理机构或地方水行政主管部门批准。度汛方案应当于每年汛前完成报备或报批工作，汛期新开工项目应当于开工前完成度汛方案的报备或报批。

附件1：_____年度在建水利工程安全度汛备案表

项目名称			
是否为安全度汛重点工程：		是□	否□
是否编制完成度汛方案：		是□	否□
是否单独编制超标准洪水应急预案：		是□	否□
主要参建单位			
项目法人			
设计单位			
监理单位			
施工单位			
工程形象面貌及度汛技术要求			
安全度汛重点部位			
安全度汛"三个责任人"			
首要责任人（项目法人主要负责人）签字：			
			（盖章）
直接责任人（施工单位项目经理）签字：			
			（盖章）
监管责任人签字：			
			（盖章）
		备案时间：	年 月 日

注：项目法人组织填报本表，多个施工单位时可自行增加行或页。

附件2：在建水利工程度汛方案编制指南

1. 编制依据及适用范围

1.1 编制依据

法律法规、规程规范、工程建设合同、设计文件、度汛技术要求、施工组织设计、水行政主管部门及防汛指挥机构要求等。

（本方案编制主要依据：1. 中华人民共和国防洪法、中华人民共和国防汛条例；水利工程建设安全生产管理规定、突发事件应急预案管理办法、水利建设项目稽察常见问题清单。2. 生产经营单位生产安全事故应急预案编制导则 GB/T 29639、防洪标准 GB 50201、水利水电工程等级划分及洪水标准 SL 252、防汛储备物资验收标准 SL 297、防汛物资储备定额编制规程 SL 298、水利水电工程施工组织设计规范 SL 303、水利水电工程施工通用安全技术规程 SL 398、水利水电工程施工导流设计规范 SL 623、水利水电工程围堰设计规范 SL 645、水利水电工程施工安全管理导则 SL 721、水电工程施工期防洪度汛报告编制规程 NB/T 10492、水电水利工程施工度汛风险评估规程 DL/T 5307。3. 流域综合规划、流域防洪规划等；4. 设计文件及批文，施工合同、设计图纸、度汛技术要求及施工组织设计或年度实施方案；5. 水行政主管部门及防汛指挥机构对项目度汛的要求以及批准的防洪度汛预案等。）

1.2 适用范围

有度汛任务的项目应当编制度汛方案。明确本方案涵盖时段、覆盖工程范围；本工程与其他邻近项目、流域防洪度汛的关系。

（度汛方案的编制可根据项目度汛具体情况，对本大纲编制内容进行增减；本方案适用时段应当充分考虑汛期相应的时间；覆盖范围主要包括工程本身范围以及对工程域外可能影响范围；并简要说明本工程度汛方案对影响范围内临近项目可能产生的影响以及对所在河流度汛的影响。）

2. 工程概述及度汛要求

2.1 基本情况

工程概况、规模、等级，洪水标准，施工营地等工程总体布置情况；涉及度汛的临时建筑物等级、标准及布置；以及工程建设管理模式等。

（主要包括工程概况、工程地理位置、工程规模、等级划分、洪水标准；工程主要建设内容和工程总布置情况；导流方案，以及围堰、导流设施等主要度汛挡、泄水建筑物等级标准、布置及断面形式；明确项目法人、施工、设计、监理、监测等单位管理机构以及代建制、全过程咨询、工程总承包等管理模式及相互关系。）

2.2 水文地质

工程所在流域及河流的水文、气象条件，以及工程范围内汛期水位、流量关系；工程所在地地形、地质条件等。

（水文气象包括汛期的气温、降雨、径流、历史洪水和设计洪水等；工程范围内度汛挡水、泄水建筑物的水位流量关系；工程地形地质主要包括工程范围内地形、地质条件描述，主要度汛挡水、泄水建筑物地质条件。）

2.3 工程面貌及度汛要求

本方案编制时与度汛相关的永久工程、临时设施面貌情况及度汛对这些项目面貌的要求，度汛方式及度汛总体布置方案。

［工程面貌主要包括：方案编制时永久性工程（主体工程和库区移民、地质灾害处理等专项工程）和临时工程（施工区生活和生产营地、排水沟渠、供水和供电系统、道路运输系统等）进度面貌；满足度汛对项目进度要求、度汛方式（含分期）及度汛总体的安排。］

3. 度汛组织机构及职责

3.1 组织机构

工程度汛组织机构的组成形式，组成单位、人员；成立各工作小组。

（项目法人和设计、施工、监理等参建单位组成的安全度汛组织机构，需地方政府及相关部门协调的也可将其列入；由相关单位人员组建"指挥办公室、抢险救援、技术支撑、对外联络、后勤保障"等工作小组，并明确各工作小组负责人及成员。）

3.2 职责与责任

各单位的度汛职责及责任清单。

（明确本工程度汛责任清单；各单位应当承担的度汛职责、各工作小组度汛职责和主要负责人的岗位职责。）

4. 度汛保障

4.1 汛前工程进度

根据工程不同阶段，为满足度汛要求，在建工程及临时设施在汛前应该完成的面貌安排及汛前应该完成的防护措施计划。

［汛前工程进度计划应当充分考虑工程建设不同阶段（如：截流前、围堰挡水、堤防挡水、建筑物挡水、工程完工后竣工验收前等不同阶段）的特点与要求，工程度汛前永久工程和临时工程应当达到的进度要求；为保障工程安全度汛永久工程和临时工程应当做的防护措施；细化为实现进度及防护要求所需要的材料、设备、人员、资金使用等资源保障措施。］

4.2 度汛资源保障

度汛物资、机械、设备清单，采购、保管与储存；汛期综合后勤保障，以及汛期值班及抢险人员及工作安排等。

（防洪度汛设备与材料等物资的采购、保管与储存，数量及质量要满足防汛物资储备定额编制规程 SL 298 和防汛储备物资验收标准 SL 297 的要求；汛期电力供应及应急电源准备，常规与应急水源；医疗保障与救援方式；常规与应急通讯、内部相关单位之间及与地方政府及防汛、气象、海洋、水文、国土等部门的联络渠道；正常交通与备用通道；综合后勤保障、度汛经费保障；防洪度汛值班安排，应急抢险队伍组成、分工及汛期管理等。）

4.3 汛前检查

对照度汛要求及标准，明确汛前对工程及防护措施进行验收或检查内容；各种环境、资源保障措施落实情况的检查要求。

［检查验收内容、标准、参加单位（可邀请与防汛度汛相关的单位）、验收时间、验收

成果以及遗留问题处理方式。]

4.4 汛期信息获取

明确从水文、气象等部门获取汛期气象信息及雨情、水情、汛情、工情、险情和预警信息及通报的方式和通信保障渠道。

（了解本区域雨情、水情测报站网布置情况；明确本工程汛期气象信息、雨情、水情、汛情、工情、险情和预警信息及通报的获取方式、联系人和通讯联络方式，建立多渠道信息保障措施，确保及时准确获取相关信息资料。）

4.5 汛期施工及工程调度

汛期施工部位或已建工程部位及度汛安全防护；根据雨水情实况和相关预测预报成果，工程范围内挡水、泄水和排水等工程的度汛调度方案。

（保障汛期施工或已建工程部位采取的安全措施；根据不同气象信息、雨情、水情、汛情、工情、险情，明确工程范围内围堰、导流设施、排水泵站等施工度汛工程的调度方案；明确需要水行政主管部门等调度域外工程度汛的要求。）

4.6 巡查监测及报告

施工现场雨情、水情、汛情、工情及险情等防汛情况巡查监测要求；对危及建筑物安全和其他安全度汛隐患检查的内容、排查方式、治理的时限与频次；度汛情况报告的主要内容、时限及报告程序、方式。

（明确工程范围内度汛问题清单，开展常态化检查的项目、内容及频次，对相关数据的分析、内部及外部报告的要求等。）

4.7 度汛风险处置

根据汛期施工部位或已建工程部位可能存在的风险，制定具体的抢险、疏散等风险控制和处置措施；当风险扩大时与应急预案的衔接程序。

（从值班级别、工程调度、加固加高防汛设施、人员救护、事故控制、现场恢复等方面制定处置措施。）

5. 超标准洪水应急预案

5.1 风险识别及评估

对施工现场、营地可能存在的安全风险进行识别，评估其对工程本身及对周边地区及上下游人民生命、财产、环境的影响。

[应对工程范围内可能发生超过本工程施工期设防标准的洪水、恶劣天气、地质灾害及溃坝、溃堰、基坑淹没（管涌）、建筑物冲毁、设备故障、冰（排）凌等风险进行识别。]

5.2 超标准洪水影响分析

对工程范围内可能发生超过本工程施工期设防标准的洪水进行影响分析。

（根据工程具体情况，分析可能发生的超标准洪水时因本工程施工建设，使洪水特性发生了哪些改变，相关变化造成上游库区、下游沿线河道周边建筑物、设施等的影响范围及应对措施等。）

5.3 应急响应与处置

根据超标准洪水的极端情况和引发险情的紧急程度，制定具体的抢险、人员转移避险等风险控制应急处置措施；当风险扩大时与属地应急抢险机构等上一级应急预案的衔接程序。

（根据预警从应急情况等级划分、值班级别、工程调度、加固加高防汛设施、基坑冲水、人员转移避险、人员救护、请求社会救援、事故控制、应急保障、现场恢复、响应调整与终止等方面制定应急响应和处置措施。）

6．预报预警与演练

6.1　预报预警

根据雨情、水情及洪水等信息，设置预报预警值，明确启动应急处置措施条件；适时组织开展应急措施演练。

（根据工程所处位置的水位情况，不同的水位预报预警值，确定启动应急处置的条件。）

6.2　应急演练

按照安全度汛方案，规范、安全、有序、节约开展应急演练，根据度汛具体情况适时开展专项演练。

（明确演练计划、原则、范围、流程，以及拟投入人员、物资、装备等。）

附录

A　附图：

1　工程地理位置图。

2　工程对外交通图。

（主要是汛期哪些陆路、水路可以使用，可以通行车辆类型。）

3　工程施工总布置图。

4　施工营地布置图。

5　施工导流布置图。

6　工程区域内山洪、地质灾害分布图。

（工程所在地存在地质灾害的类型、区域、地点。）

7　应急避险路线图。

（发生险情后人员、设备如何进行紧急避险以及避险的路线、地点等。）

B　附表：

1　防洪度汛组织机构表及成员联系方式。

2　防洪度汛检查表。

3　防汛物资、设备一览表。

4　工程特性表。

5　历史洪水或超标准洪水成果表。

（十）编制超标准洪水应急预案

项目法人应当依据《在建水利工程超标准洪水应急预案编制指南》（见附件3）组织对溃坝、溃堰、建筑物冲毁等风险进行评估，编制超标准洪水应急预案，与度汛方案一同报送负责项目监管的流域管理机构或地方水行政主管部门备案。水行政主管部门负责监管的重点工程超标准洪水应急预案需通过专家咨询论证后，报负责项目监管的流域管理机构或地方水行政主管部门批准，并报属地防汛指挥机构备案。其他工程可不单独编制超标准洪水应急预案，但应当在度汛方案中设立超标准洪水应急预案专章。超标准洪水应急预案应当于每年汛前完成报备或报批工作，汛期新开工项目应当于开工前完成超标准洪水应急预案的报备或报批。

附件3：在建水利工程超标准洪水应急预案编制指南

1. 总则

1.1 编制目的

编制应急预案的目的。

1.2 编制依据

法律法规、规程规范、流域规划、水行政主管部门及防汛指挥机构要求、设计文件及度汛技术要求、工程建设合同及施工组织设计等。

[本方案编制主要依据：1. 法律法规及规范性文件：中华人民共和国防洪法、中华人民共和国水法、中华人民共和国突发事件应对法、中华人民共和国安全生产法、中华人民共和国防汛条例、国家突发公共事件总体应急预案、国家防汛抗旱应急预案等；2. 生产经营单位生产安全事故应急预案编制导则GB/T 29639、防洪标准GB 50201、水利水电工程等级划分及洪水标准SL 252、水利水电工程施工组织设计规范SL 303、水利水电工程施工导流设计规范SL 623及水利水电工程围堰设计规范SL 645等；3. 流域综合规划、流域防洪规划以及城市防洪规划等综合、专项规划；流域防御洪水方案、流域洪水调度方案和流域超标准洪水防御预案等；4. 水行政主管部门及防汛指挥机构对工程施工超标准洪水应急相关要求；5. 其他文件：工程建设合同、批复的设计文件及变更文件、度汛方案、业主批复的施工组织设计（施工单位编制）等技术文件。]

1.3 适用范围

本方案在施工期发生超出度汛方案洪水标准时启用，适用于施工超标准洪水引起的灾害事件的防御。

[简述本工程挡水建筑物（围堰）的设计标准相应水位，发生超过度汛方案标准的洪水时对工程范围内和工程范围外产生的影响。]

1.4 编制原则

应急预案编制应当遵循："以人为本、依法依规、符合实际、注重实效"的原则，以应急处置为核心，明确应急职责、规范应急程序、细化保障措施。

2. 工程简介

2.1 工程概况

工程概况及汛前工程总体面貌要求。

（工程概况主要包括：流域基本情况、工程规模与等级划分、主要建设内容、工程总布置和主要保护对象等；汛前工程总面貌主要关注主汛前永久工程和临时工程应当达到的形象面貌，永久工程包括主体工程和库区移民等专项工程，临时工程主要包括施工区生活和生产营地、排水沟渠、供水和供电系统、道路运输系统等重要辅助工程。）

2.2 应急组织机构及职责

工程现场应急组织机构沿用工程度汛组织机构。

（项目法人和设计、施工、监理等参建单位组成的安全度汛组织机构，需地方政府及相关部门协调的也可将其列入；由相关单位人员组建"指挥办公室、抢险救援、技术支撑、对外联络、后勤保障"等工作小组，并明确各工作小组成员及负责人。明确本工程度汛责任清单；各单位应当承担的度汛职责、各工作小组度汛职责和主要负责人的岗位职责。）

2.3 度汛方案

简述永久工程和临时工程施工度汛标准，施工度汛方案主要内容（引用）。

3. 超标准洪水影响分析

3.1 洪水分析

根据历史上本流域或河流的雨水情与汛情特点、洪水特征、流域超标准洪水发生情况，结合流域或河流防御洪水方案、洪水调度方案等内容，分析施工期可能发生的施工超标准洪水情况。

（通过系统的水文资料分析本工程所在区域汛期发生不同频率洪水情况，提出本预案应对的施工超标准洪水范围。）

3.2 风险评估

在施工超标准洪水分析的基础上，对施工超标准洪水可能引起的基坑管涌、围堰坍塌、建筑物冲毁、堤（坝）溃破、库区（基坑）淹没、设备故障、冰凌洪水及次生灾害等安全风险评估。

3.3 监测预警

明确雨水情、风险识别等监测内容、监测方法、频次及监测信息管控，研判监测结果及时发出预警，明确预警的对象、内容及方式。

[监测内容：水位、雨水情、工情和基坑管涌、堰体渗漏等险情。监测信息管控：包括指挥机构内部监测信息获取、传递、接收及分析预测等，以及向外报送信息内容、负责报送单位、报送时限等制度规定。预警对象：项目法人单位、参建单位和相关责任人员，地方政府、属地防汛指挥机构、项目主管部门，情况紧急下，可视情向超常规调度洪水影响区、工程失事影响区预警。预警内容：包括预警信号，具体内容（雨水情、险情及影响分析），防御意见和建议等。预警方式：通过电话、传真及现场预警装备等形式预警，面向公众的预警发布需经有权限的地方防汛指挥机构同意。]

4. 应急响应

4.1 应急响应程序和权限

根据预报预警和监测水位等情况进行分析预判，启动应急响应的程序，明确启用程序的条件和权限。

4.2 应急抢险措施

根据风险评估结果，制定应对基坑管涌、围堰坍塌、建筑物冲毁、堤（坝）溃破、库区（基坑）淹没、设备故障、冰凌洪水及次生灾害等风险的抢险措施，根据响应程序启动抢险措施。

4.3 应急支援

发生施工超标准洪水，导致工程失事，对周边地区或上下游产生较大影响，应当及时向地方政府、防汛指挥机构、水行政主管部门报告影响情况，提出请求支援内容。

（本节写出具体的影响内容和支援要求等。）

4.4 响应调整与终止

明确响应级别调整与终止的条件、程序及权限。

（根据洪情或灾情形势变化，按地方防汛指挥机构、水行政主管部门指令及时调整应急响应级别，适时发布应急终止。）

5. 应急保障

5.1 现场应急保障

明确超标准洪水工程现场应具备的监测保障、人员保障、医疗保障、物资保障、器材装备保障、供水供电保障、场地保障、安全保障、通信保障、资金保障等工作安排。

（工作主要内容为超出正常度汛需要的应急保障。）

5.2 应急支援保障

有条件的地区应调查明确属地应急抢险机构等社会可支援的资源情况。

6. 附件

（1）工程地理位置图、平面布置图、导流平面布置图及汛前工程面貌图；

（2）应急救援队伍行动路线图；疏散逃生线路图、涉险警戒范围图、汛期附近交通图；风险影响范围图；

（3）应急指挥机构、地方政府、地方防汛指挥机构、水行政主管部门、应急救援队伍人员表及联系方式。

《水利工程建设项目法人管理指导意见》（水利部水建设〔2020〕258号）

三、明确项目法人职责

（八）项目法人对工程建设的质量、安全、进度和资金使用负首要责任，应承担以下主要职责：

11. 负责组织编制、审核、上报在建工程度汛方案和应急预案，落实安全度汛措施，组织应急预案演练，对在建工程安全度汛负责。

★ 应开展的基础工作

（1）项目法人应根据设计文件、施工组织设计或年度实施方案、《在建水利工程度汛方案编制指南》和《在建水利工程超标准洪水应急预案编制指南》，组织制定工程度汛方案和超标准洪水应急预案，并报有负责项目监管的流域管理机构或地方水行政主管部门备案。

（2）项目法人应组织成立施工、设计、监理等单位参加的工程防汛机构，负责工程安全度汛工作。并与有关参建单位签订安全度汛目标责任书，明确各参建单位防汛度汛责任。全面落实安全度汛工作责任制，压实责任到岗到人。

（3）监督检查各参建单位制定完善各自的度汛方案、超标准洪水应急预案和险情应急抢护措施，做好防汛抢险队伍和防汛器材、设备等物资准备工作，按度汛方案和有关预案要求进行必要的演练，开展汛前、汛中和汛后检查，发现问题及时处理。

● 违规行为标准条文

33. 工程进度不满足度汛要求时未制定和采取相应措施。（严重）

◆ 法律、法规、规范性文件和技术标准要求

《关于加强在建水利工程安全度汛工作的指导意见》（水利部水建设〔2024〕16号）

二、严格落实安全度汛责任

（六）压实项目法人首要责任

项目法人负责建立本工程安全度汛风险查找、研判、预警、防范、处置、责任等风险管控"六项机制"，组织编制、论证、上报工程度汛方案和超标准洪水应急预案，保障工程建设进度达到安全度汛要求，建立健全应急值守制度，组织开展应急演练培训，督促落实抢险队伍和物资储备，检查度汛措施落实情况，加强与负责项目监管的流域管理机构或地方水行政主管部门、属地防汛指挥机构的沟通联系，服从统一指挥调度。

四、落实安全度汛措施

（十三）保障工程建设进度

项目法人及各参建单位应当在保证工程质量和安全的前提下，采取有效措施保障工程建设进度，确保水库大坝、穿（破）堤、施工围堰、导流工程、深基坑、水下工程等工程或部位形象面貌达到度汛要求。对特殊原因工程或部位形象面貌达不到度汛要求的必须制定应急处置方案，报负责项目监管的流域管理机构或地方水行政主管部门审核后实施。要做好与度汛有关工程的验收工作，确保已完工程或部位在汛期发挥作用。

★ 应开展的基础工作

（1）项目法人及各参建单位应在保证工程质量和安全的前提下，采取有效措施保障工程建设进度，确保水库大坝、穿（破）堤、施工围堰、导流工程、深基坑、水下工程等工程或部位形象面貌达到度汛要求。

（2）项目法人应组织各参建单位在汛前和汛期按要求开展安全度汛工作检查，全面检查防汛责任、抢险队伍、预案、物资等安全度汛措施落实情况，排查工程施工现场及营地的安全度汛隐患。应建立工程安全度汛检查问题台账，明确整改措施、整改时限和责任人，逐条整改销号。

（3）在建水利工程项目法人和参建各方应建立健全安全度汛组织机构，充实防汛抢险队伍，备足备齐防汛器材、设备等物资，完善安全监测、视频监控、水文预报、预警通信等设施，积极应用现代化防洪抢险技术装备，落实好人防、物防、技防工作措施。要落实汛期值班值守、领导干部到岗带班、关键岗位24小时值班制度，保障现场应急指挥能力。

应加强对一线施工人员的应急教育和避险自救培训，确保现场作业人员安全。

● 违规行为标准条文

34. 未按照规定制定项目生产安全事故应急救援预案或者未按要求至少每半年组织 1 次演练。（一般）

◆ 法律、法规、规范性文件和技术标准要求

《生产安全事故应急条例》（国务院令第 708 号）

第五条 县级以上人民政府及其负有安全生产监督管理职责的部门和乡、镇人民政府以及街道办事处等地方人民政府派出机关，应当针对可能发生的生产安全事故的特点和危害，进行风险辨识和评估，制定相应的生产安全事故应急救援预案，并依法向社会公布。

生产经营单位应当针对本单位可能发生的生产安全事故的特点和危害，进行风险辨识和评估，制定相应的生产安全事故应急救援预案，并向本单位从业人员公布。

第八条 县级以上地方人民政府以及县级以上人民政府负有安全生产监督管理职责的部门，乡、镇人民政府以及街道办事处等地方人民政府派出机关，应当至少每 2 年组织 1 次生产安全事故应急救援预案演练。

易燃易爆物品、危险化学品等危险物品的生产、经营、储存、运输单位，矿山、金属冶炼、城市轨道交通运营、建筑施工单位，以及宾馆、商场、娱乐场所、旅游景区等人员密集场所经营单位，应当至少每半年组织 1 次生产安全事故应急救援预案演练，并将演练情况报送所在地县级以上地方人民政府负有安全生产监督管理职责的部门。

县级以上地方人民政府负有安全生产监督管理职责的部门应当对本行政区域内前款规定的重点生产经营单位的生产安全事故应急救援预案演练进行抽查；发现演练不符合要求的，应当责令限期改正。

《生产安全事故应急预案管理办法》（应急管理部令第 2 号，2019 年修正）

第五条 生产经营单位主要负责人负责组织编制和实施本单位的应急预案，并对应急预案的真实性和实用性负责；各分管负责人应当按照职责分工落实应急预案规定的职责。

第六条 生产经营单位应急预案分为综合应急预案、专项应急预案和现场处置方案。

综合应急预案，是指生产经营单位为应对各种生产安全事故而制定的综合性工作方案，是本单位应对生产安全事故的总体工作程序、措施和应急预案体系的总纲。

专项应急预案，是指生产经营单位为应对某一种或者多种类型生产安全事故，或者针对重要生产设施、重大危险源、重大活动防止生产安全事故而制定的专项性工作方案。

现场处置方案，是指生产经营单位根据不同生产安全事故类型，针对具体场所、装置或者设施所制定的应急处置措施。

第三十三条 生产经营单位应当制定本单位的应急预案演练计划，根据本单位的事故风险特点，每年至少组织一次综合应急预案演练或者专项应急预案演练，每半年至少组织

一次现场处置方案演练。

易燃易爆物品、危险化学品等危险物品的生产、经营、储存、运输单位，矿山、金属冶炼、城市轨道交通运营、建筑施工单位，以及宾馆、商场、娱乐场所、旅游景区等人员密集场所经营单位，应当至少每半年组织一次生产安全事故应急预案演练，并将演练情况报送所在地县级以上地方人民政府负有安全生产监督管理职责的部门。

县级以上地方人民政府负有安全生产监督管理职责的部门应当对本行政区域内前款规定的重点生产经营单位的生产安全事故应急救援预案演练进行抽查；发现演练不符合要求的，应当责令限期改正。

《水利水电工程施工安全管理导则》（SL 721—2015）

13.1.1 项目法人应组织制定项目生产安全事故应急救援预案、专项应急预案，并报项目主管部门和安全生产监督机构备案。

★ 应开展的基础工作

（1）项目法人应组织制度项目生产安全事故应急救援预案、专项应急预案，报项目主管部门和安全生产监督机构备案，并与地方人民政府的应急预案体系相衔接。

（2）应急预案应以正式文件印发。

（3）应至少每半年组织一次生产安全事故应急预案演练，对应急救援演练效果进行评估，并将演练情况报送所在地县级以上地方人民政府负有安全生产监督管理职责的部门。

（4）督促各参建单位制定各自的应急救援预案。

● 违规行为标准条文

35. 项目生产安全事故应急救援预案不具有针对性和操作性，或未按规定报备。（一般）

◆ 法律、法规、规范性文件和技术标准要求

《生产安全事故应急条例》（国务院令第708号）

第六条 生产安全事故应急救援预案应当符合有关法律、法规、规章和标准的规定，具有科学性、针对性和可操作性，明确规定应急组织体系、职责分工以及应急救援程序和措施。

有下列情形之一的，生产安全事故应急救援预案制定单位应当及时修订相关预案：

（一）制定预案所依据的法律、法规、规章、标准发生重大变化；

（二）应急指挥机构及其职责发生调整；

（三）安全生产面临的风险发生重大变化；

（四）重要应急资源发生重大变化；

（五）在预案演练或者应急救援中发现需要修订预案的重大问题；

（六）其他应当修订的情形。

第七条 县级以上人民政府负有安全生产监督管理职责的部门应当将其制定的生产安全事故应急救援预案报送本级人民政府备案；易燃易爆物品、危险化学品等危险物品的生产、经营、储存、运输单位，矿山、金属冶炼、城市轨道交通运营、建筑施工单位，以及宾馆、商场、娱乐场所、旅游景区等人员密集场所经营单位，应当将其制定的生产安全事故应急救援预案按照国家有关规定报送县级以上人民政府负有安全生产监督管理职责的部门备案，并依法向社会公布。

《生产安全事故应急预案管理办法》（应急管理部令第2号，2019修正）

第八条 应急预案的编制应当符合下列基本要求：

（一）有关法律、法规、规章和标准的规定；

（二）本地区、本部门、本单位的安全生产实际情况；

（三）本地区、本部门、本单位的危险性分析情况；

（四）应急组织和人员的职责分工明确，并有具体的落实措施；

（五）有明确、具体的应急程序和处置措施，并与其应急能力相适应；

（六）有明确的应急保障措施，满足本地区、本部门、本单位的应急工作需要；

（七）应急预案基本要素齐全、完整，应急预案附件提供的信息准确；

（八）应急预案内容与相关应急预案相互衔接。

第二十六条 易燃易爆物品、危险化学品等危险物品的生产、经营、储存、运输单位，矿山、金属冶炼、城市轨道交通运营、建筑施工单位，以及宾馆、商场、娱乐场所、旅游景区等人员密集场所经营单位，应当在应急预案公布之日起20个工作日内，按照分级属地原则，向县级以上人民政府应急管理部门和其他负有安全生产监督管理职责的部门进行备案，并依法向社会公布。

前款所列单位属于中央企业的，其总部（上市公司）的应急预案，报国务院主管的负有安全生产监督管理职责的部门备案，并抄送应急管理部；其所属单位的应急预案报所在地的省、自治区、直辖市或者设区的市级人民政府主管的负有安全生产监督管理职责的部门备案，并抄送同级人民政府应急管理部门。

本条第一款所列单位不属于中央企业的，其中非煤矿山、金属冶炼和危险化学品生产、经营、储存、运输企业，以及使用危险化学品达到国家规定数量的化工企业、烟花爆竹生产、批发经营企业的应急预案，按照隶属关系报所在地县级以上地方人民政府应急管理部门备案；本款前述单位以外的其他生产经营单位应急预案的备案，由省、自治区、直辖市人民政府负有安全生产监督管理职责的部门确定。

油气输送管道运营单位的应急预案，除按照本条第一款、第二款的规定备案外，还应当抄送所经行政区域的县级人民政府应急管理部门。

海洋石油开采企业的应急预案，除按照本条第一款、第二款的规定备案外，还应当抄送所经行政区域的县级人民政府应急管理部门和海洋石油安全监管机构。

煤矿企业的应急预案除按照本条第一款、第二款的规定备案外，还应当抄送所在地的煤矿安全监察机构。

《水利水电工程施工安全管理导则》（SL 721—2015）

13.1.1 项目法人应组织制定项目生产安全事故应急救援预案、专项应急预案，并报项目主管部门和安全生产监督机构备案。

★ 应开展的基础工作

（1）编制前，编制单位应进行事故风险辨识、评估和应急资源调查。编制应遵循以人为本、依法依规、符合实际、注重实效的原则，以应急处置为核心，明确应急职责、规范应急程序、细化保障措施。

（2）水利生产经营单位应在应急预案公布之日起 20 个工作日内，按照分级属地原则，向县级以上人民政府应急管理部门和水行政主管部门进行备案，并依法向社会公布。

（3）应急预案编制完成后，水利生产经营单位可根据法律、法规、规章规定或者自身需要，组织在安全生产及应急管理方面有现场处置经验的专家进行评审或论证并形成书面评审纪要。评审或论证应注重基本要素的完整性、组织体系的合理性、应急处置程序和措施的针对性、应急保障措施的可行性、应急预案的衔接性等内容，论证可通过推演的方式开展。

● 违规行为标准条文

36.未对应急救援预案演练效果进行评估；未及时修订应急救援预案。（一般）

◆ 法律、法规、规范性文件和技术标准要求

《生产安全事故应急条例》（国务院令第 708 号）

第六条 生产安全事故应急救援预案应当符合有关法律、法规、规章和标准的规定，具有科学性、针对性和可操作性，明确规定应急组织体系、职责分工以及应急救援程序和措施。

有下列情形之一的，生产安全事故应急救援预案制定单位应当及时修订相关预案：

（一）制定预案所依据的法律、法规、规章、标准发生重大变化；

（二）应急指挥机构及其职责发生调整；

（三）安全生产面临的风险发生重大变化；

（四）重要应急资源发生重大变化；

（五）在预案演练或者应急救援中发现需要修订预案的重大问题；

（六）其他应当修订的情形。

《生产安全事故应急预案管理办法》（应急管理部令第 2 号，2019 年修正）

第三十四条 应急预案演练结束后，应急预案演练组织单位应当对应急预案演练效果进行评估，撰写应急预案演练评估报告，分析存在的问题，并对应急预案提出修订意见。

第三十五条 应急预案编制单位应当建立应急预案定期评估制度,对预案内容的针对性和实用性进行分析,并对应急预案是否需要修订作出结论。

矿山、金属冶炼、建筑施工企业和易燃易爆物品、危险化学品等危险物品的生产、经营、储存、运输企业,使用危险化学品达到国家规定数量的化工企业、烟花爆竹生产、批发经营企业和中型规模以上的其他生产经营单位,应当每三年进行一次应急预案评估。

应急预案评估可以邀请相关专业机构或者有关专家、有实际应急救援工作经验的人员参加,必要时可以委托安全生产技术服务机构实施。

第三十六条 有下列情形之一的,应急预案应当及时修订并归档:
(一)依据的法律、法规、规章、标准及上位预案中的有关规定发生重大变化的;
(二)应急指挥机构及其职责发生调整的;
(三)安全生产面临的风险发生重大变化的;
(四)重要应急资源发生重大变化的;
(五)在应急演练和事故应急救援中发现需要修订预案的重大问题的;
(六)编制单位认为应当修订的其他情况。

★ 应开展的基础工作

(1)应急预案演练结束后,应急预案演练组织单位应对应急预案演练效果进行评估,撰写应急预案演练评估报告,分析存在的问题,并对应急预案提出修订意见。

(2)评估报告重点针对演练活动的组织和实施、应急指挥人员的指挥协调能力、参演人员的处置能力、演练所用设备装备的适应性、演练目标的实现情况、演练的成本效益分析以及演练中暴露出应急预案和应急管理工作中的问题等进行评价。

(3)项目法人应建立应急预案定期评估制度,对预案内容的针对性和实用性进行分析,并对应急预案是否需要修订作出结论。

(4)若发生以上规定中的情形之一的话,应及时进行修订和完善,并及时报备。

第七章

安全事故处理

● 违规行为标准条文

37. 未按规定及时如实报告生产安全事故，存在隐瞒不报、谎报或者迟报。（严重）

◆ 法律、法规、规范性文件和技术标准要求

《中华人民共和国安全生产法》（主席令第八十八号，2021年修正）

第二十一条 生产经营单位的主要负责人对本单位安全生产工作负有下列职责：
（一）建立健全并落实本单位全员安全生产责任制，加强安全生产标准化建设；
（二）组织制定并实施本单位安全生产规章制度和操作规程；
（三）组织制定并实施本单位安全生产教育和培训计划；
（四）保证本单位安全生产投入的有效实施；
（五）组织建立并落实安全风险分级管控和隐患排查治理双重预防工作机制，督促、检查本单位的安全生产工作，及时消除生产安全事故隐患；
（六）组织制定并实施本单位的生产安全事故应急救援预案；
（七）及时、如实报告生产安全事故。

第八十三条 生产经营单位发生生产安全事故后，事故现场有关人员应当立即报告本单位负责人。

单位负责人接到事故报告后，应当迅速采取有效措施，组织抢救，防止事故扩大，减少人员伤亡和财产损失，并按照国家有关规定立即如实报告当地负有安全生产监督管理职责的部门，不得隐瞒不报、谎报或者迟报，不得故意破坏事故现场、毁灭有关证据。

《生产安全事故报告和调查处理条例》（国务院令第493号）

第四条 事故报告应当及时、准确、完整，任何单位和个人对事故不得迟报、漏报、谎报或者瞒报。

事故调查处理应当坚持实事求是、尊重科学的原则，及时、准确地查清事故经过、事故原因和事故损失，查明事故性质，认定事故责任，总结事故教训，提出整改措施，并对事故责任者依法追究责任。

第九条 事故发生后，事故现场有关人员应当立即向本单位负责人报告；单位负责人接到报告后，应当于1小时内向事故发生地县级以上人民政府安全生产监督管理部门和负有安全生产监督管理职责的有关部门报告。

情况紧急时，事故现场有关人员可以直接向事故发生地县级以上人民政府安全生产监督管理部门和负有安全生产监督管理职责的有关部门报告。

第十三条　事故报告后出现新情况的，应当及时补报。

自事故发生之日起 30 日内，事故造成的伤亡人数发生变化的，应当及时补报。道路交通事故、火灾事故自发生之日起 7 日内，事故造成的伤亡人数发生变化的，应当及时补报。

第三十五条　事故发生单位主要负责人有下列行为之一的，处上一年年收入 40％至 80％的罚款；属于国家工作人员的，并依法给予处分；构成犯罪的，依法追究刑事责任：

（一）不立即组织事故抢救的；

（二）迟报或者漏报事故的；

（三）在事故调查处理期间擅离职守的。

第三十六条　事故发生单位及其有关人员有下列行为之一的，对事故发生单位处 100 万元以上 500 万元以下的罚款；对主要负责人、直接负责的主管人员和其他直接责任人员处上一年年收入 60％至 100％的罚款；属于国家工作人员的，并依法给予处分；构成违反治安管理行为的，由公安机关依法给予治安管理处罚；构成犯罪的，依法追究刑事责任：

（一）谎报或者瞒报事故的；

（二）伪造或者故意破坏事故现场的；

（三）转移、隐匿资金、财产，或者销毁有关证据、资料的；

（四）拒绝接受调查或者拒绝提供有关情况和资料的；

（五）在事故调查中作伪证或者指使他人作伪证的；

（六）事故发生后逃匿的。

《水利水电工程施工安全管理导则》（SL 721—2015）

13.2.1　发生生产安全事故，事故现场有关人员应立即报告本单位负责人和项目法人。

事故单位负责人接到事故报告后，应在 1h 之内向项目主管部门、安全生产监督机构、事故发生地县级以上人民政府安全监督管理部门和有关部门报告；特种设备发生事故，应同时向特种设备安全监督管理部门报告；情况紧急时，事故现场有关人员可直接向事故发生地县级以上水行政主管部门或安全生产监督机构报告。报告的方式可先采用电话口头报告，随后递交正式书面报告。

生产安全事故报告后出现新情况的，应及时补报。

13.2.2　生产安全事故报告的内容应包括下列内容：

1　发生事故的工程名称、地点、建设规模和工期，事故发生的时间、地点、简要经过、事故类别、人员伤亡及直接经济损失初步估算；

2　有关项目法人、施工单位、监理单位、主管部门名称及负责人联系电话，施工、监理等单位的资质等级；

3　事故报告的单位、报告签发人及报告时间和联系电话等；

4　事故发生的初步原因；

5　事故发生后采取的应急处置措施及事故控制情况；

6　其他需要报告的有关事项等。

《水利水电施工企业安全生产标准化评审标准》（水利部办安监〔2018〕52号）

7.1.2　发生事故后按照有关规定及时、准确、完整的向有关部门报告，事故报告后出现新情况时，应当及时补报。

★ 应开展的基础工作

（1）严格按上述法律、法规、标准规范的要求立即报送，不应超过规定时限要求。

（2）向上级报送事故情况时应简明扼要，将需要说明的各项内容有条理地逐一说明。

（3）事故现场有关人员应立即向本单位负责人报告。

（4）生产安全事故报告后出现新情况的，应及时补报。

（5）编制生产安全事故报告，对事故进行统计，建立事故档案。

● 违规行为标准条文

38. 发生安全生产事故后，主要负责人未立即组织抢救或者在事故调查处理期间擅离职守或者逃匿。（严重）

◆ 法律、法规、规范性文件和技术标准要求

《中华人民共和国安全生产法》（主席令第八十八号，2021年修正）

第八十三条　生产经营单位发生生产安全事故后，事故现场有关人员应当立即报告本单位负责人。

单位负责人接到事故报告后，应当迅速采取有效措施，组织抢救，防止事故扩大，减少人员伤亡和财产损失，并按照国家有关规定立即如实报告当地负有安全生产监督管理职责的部门，不得隐瞒不报、谎报或者迟报，不得故意破坏事故现场、毁灭有关证据。

第一百一十条　生产经营单位的主要负责人在本单位发生生产安全事故时，不立即组织抢救或者在事故调查处理期间擅离职守或者逃匿的，给予降级、撤职的处分，并由应急管理部门处上一年年收入百分之六十至百分之一百的罚款；对逃匿的处十五日以下拘留；构成犯罪的，依照刑法有关规定追究刑事责任。

生产经营单位的主要负责人对生产安全事故隐瞒不报、谎报或者迟报的，依照前款规定处罚。

第一百一十六条　生产经营单位发生生产安全事故造成人员伤亡、他人财产损失的，应当依法承担赔偿责任；拒不承担或者其负责人逃匿的，由人民法院依法强制执行。

生产安全事故的责任人未依法承担赔偿责任，经人民法院依法采取执行措施后，仍不能对受害人给予足额赔偿的，应当继续履行赔偿义务；受害人发现责任人有其他财产的，

可以随时请求人民法院执行。

《生产安全事故应急条例》（国务院令第 708 号）

第十七条 发生生产安全事故后，生产经营单位应当立即启动生产安全事故应急救援预案，采取下列一项或者多项应急救援措施，并按照国家有关规定报告事故情况：

（一）迅速控制危险源，组织抢救遇险人员；

（二）根据事故危害程度，组织现场人员撤离或者采取可能的应急措施后撤离；

（三）及时通知可能受到事故影响的单位和人员；

（四）采取必要措施，防止事故危害扩大和次生、衍生灾害发生；

（五）根据需要请求邻近的应急救援队伍参加救援，并向参加救援的应急救援队伍提供相关技术资料、信息和处置方法；

（六）维护事故现场秩序，保护事故现场和相关证据；

（七）法律、法规规定的其他应急救援措施。

第三十条 生产经营单位未制定生产安全事故应急救援预案、未定期组织应急救援预案演练、未对从业人员进行应急教育和培训，生产经营单位的主要负责人在本单位发生生产安全事故时不立即组织抢救的，由县级以上人民政府负有安全生产监督管理职责的部门依照《中华人民共和国安全生产法》有关规定追究法律责任。

《生产安全事故报告和调查处理条例》（国务院令第 493 号）

第十四条 事故发生单位负责人接到事故报告后，应当立即启动事故相应应急预案，或者采取有效措施，组织抢救，防止事故扩大，减少人员伤亡和财产损失。

第三十五条 事故发生单位主要负责人有下列行为之一的，处上一年年收入 40% 至 80% 的罚款；属于国家工作人员的，并依法给予处分；构成犯罪的，依法追究刑事责任：

（一）不立即组织事故抢救的；

（二）迟报或者漏报事故的；

（三）在事故调查处理期间擅离职守的。

《水利水电工程施工安全管理导则》（SL 721—2015）

13.3.1 发生生产安全事故后，项目法人、监理单位和事故单位必须迅速、有效地实施先期处置；项目法人及事故单位主要负责人应立即到现场组织抢救，启动应急预案，采取有效措施，防止事故扩大。

13.3.6 项目法人、事故发生单位及其他有关单位应积极配合事故的调查、分析、处理和评估等工作。

★ 应开展的基础工作

（1）发生事故后，项目法人应立即到现场组织抢救，采取有效措施，防止事故扩大，并保护事故现场及有关证据。

（2）项目事故应急救援指挥机构应配合事故现场应急指挥机构划定事故现场危险区域范围、设置明显警示标识，做好事故现场保护工作，并及时发布通告，防止人畜进入危险区域。

（3）事故发生后，按规定组织事故调查组对事故进行调查，查明事故发生的时间、经过、原因、波及范围、人员伤亡情况及直接经济损失等。事故调查组应根据有关证据、资料，分析事故的直接、间接原因和事故责任，提出应吸取的教训、整改措施和处理建议，编制事故调查报告。

（4）事故发生后，由有关人民政府组织事故调查的，应积极配合开展事故调查。

● **违规行为标准条文**

39. 未采取措施防止事故扩大，或未支持、配合事故抢救，或阻挠和干涉对事故的依法调查处理。（一般）

◆ **法律、法规、规范性文件和技术标准要求**

《生产安全事故报告和调查处理条例》（国务院令第 493 号）

第七条 任何单位和个人不得阻挠和干涉对事故的报告和依法调查处理。

第三十五条 事故发生单位主要负责人有下列行为之一的，处上一年年收入 40% 至 80% 的罚款；属于国家工作人员的，并依法给予处分；构成犯罪的，依法追究刑事责任：

（一）不立即组织事故抢救的；
（二）迟报或者漏报事故的；
（三）在事故调查处理期间擅离职守的。

第三十六条 事故发生单位及其有关人员有下列行为之一的，对事故发生单位处 100 万元以上 500 万元以下的罚款；对主要负责人、直接负责的主管人员和其他直接责任人员处上一年年收入 60% 至 100% 的罚款；属于国家工作人员的，并依法给予处分；构成违反治安管理行为的，由公安机关依法给予治安管理处罚；构成犯罪的，依法追究刑事责任：

（一）谎报或者瞒报事故的；
（二）伪造或者故意破坏事故现场的；
（三）转移、隐匿资金、财产，或者销毁有关证据、资料的；
（四）拒绝接受调查或者拒绝提供有关情况和资料的；
（五）在事故调查中作伪证或者指使他人作伪证的；
（六）事故发生后逃匿的。

★ **应开展的基础工作**

（1）发生事故后，项目法人应立即启动事故相应应急预案或采取有效措施，防止事故扩大，并保护事故现场及有关证据。

（2）项目事故应急救援指挥机构应配合事故现场应急指挥机构划定事故现场危险区域范围、设置明显警示标识，做好事故现场保护工作，并及时发布通告，防止人畜进入危险区域。

(3) 事故发生后，由有关人民政府组织事故调查的，项目法人应积极配合开展事故调查。

● 违规行为标准条文

40. 未按"四不放过"原则对生产安全事故进行处理。（一般）

◆ 法律、法规、规范性文件和技术标准要求

《水利工程项目法人安全生产标准化评审标准》（水利部办安监〔2018〕52号）

7.2.4 按照"四不放过"的原则进行事故处理。

《生产安全事故报告和调查处理条例》（国务院令第493号）

第三十二条 重大事故、较大事故、一般事故，负责事故调查的人民政府应当自收到事故调查报告之日起15日内做出批复；特别重大事故，30日内做出批复，特殊情况下，批复时间可以适当延长，但延长的时间最长不超过30日。

有关机关应当按照人民政府的批复，依照法律、行政法规规定的权限和程序，对事故发生单位和有关人员进行行政处罚，对负有事故责任的国家工作人员进行处分。

事故发生单位应当按照负责事故调查的人民政府的批复，对本单位负有事故责任的人员进行处理。

负有事故责任的人员涉嫌犯罪的，依法追究刑事责任。

★ 应开展的基础工作

（1）项目法人应按照"四不放过"原则对事故进行处理。

（2）项目法人和事故发生单位应按照负责事故调查的人民政府的批复，对本单位负有事故责任的人员进行处理。

（3）项目法人和事故发生单位应认真吸取事故教训，落实防范和整改措施，防止事故再次发生。

● 违规行为标准条文

41. 发生生产安全事故造成人员伤亡、他人财产损失的，拒不承担赔偿责任。（一般）

◆ 法律、法规、规范性文件和技术标准要求

《中华人民共和国安全生产法》（主席令第八十八号，2021年修正）

第一百一十六条 生产经营单位发生生产安全事故造成人员伤亡、他人财产损失的，

应当依法承担赔偿责任；拒不承担或者其负责人逃匿的，由人民法院依法强制执行。

生产安全事故的责任人未依法承担赔偿责任，经人民法院依法采取执行措施后，仍不能对受害人给予足额赔偿的，应当继续履行赔偿义务；受害人发现责任人有其他财产的，可以随时请求人民法院执行。

《水利水电工程施工安全管理导则》（SL 721—2015）

13.3.5 项目法人应组织有关单位核查事故损失，编制损失情况报告，上报项目主管部门并抄送有关单位。

★ 应开展的基础工作

（1）发生生产安全事故造成人员伤亡、他人财产损失的，应根据调查报告的责任划分承担赔偿责任。

（2）项目法人及事故发生单位应依法认真做好各项善后工作，妥善解决伤亡人员的善后处理，安排好受影响人员的生活，做好损失的补偿。

第八章 其他

● 违规行为标准条文

42. 未将工程信息录入水利安全生产采集系统；未按照要求及时在水利安全生产采集系统中上报危险源辨识管控、隐患排查整改情况等。（一般）

◆ 法律、法规、规范性文件和技术标准要求

《水利安全生产信息报告和处置规则》（水利部水监督〔2022〕156号）

一、基本信息

（一）信息报告

1. 地方各级水行政主管部门、水利工程建设项目法人、水利工程管理单位、水文监测单位、勘测设计科研单位、后勤保障单位、由水利部门投资成立或管理水利工程的企业、有独立办公场所的水利事业单位或社团、乡镇水利管理单位等，应向上级水行政主管部门申请注册，并填报单位安全生产信息。

2. 水库、水电站、小水电站、水闸、泵站、堤防、引调水工程、灌区工程、淤地坝、农村供水工程等10类工程，所有规模以上工程（具体规模详见附表1）应由管理单位（项目法人）在信息系统填报工程安全生产信息。

附表1： 需录入信息系统的规模以上水利工程

序号	工程类别	规模以上的参考标准
1	水库	库容≥10万立方米
2	水电站	装机容量＞5万千瓦
3	小水电站	5万千瓦≥装机容量≥500千瓦
4	水闸	流量≥5立方米/秒
5	泵站	流量≥10立方米/秒或装机功率≥1000千瓦
6	堤防	堤防登记≥5级（洪水重现期≥10年一遇）
7	引调水工程	流量≥1立方米（暂定）
8	灌区工程	灌溉面积≥5万亩
9	淤地坝	库容≥10万立方米
10	农村供水工程	日供水规模≥1000吨或供水人口≥10000人

二、危险源信息

（一）信息报告

2. 各单位（项目法人）负责填报本单位管理工程的危险源信息和管控措施方案信息，通过信息系统向有关水行政主管部门或单位备案重大危险源信息。危险源信息根据实际情况动态调整风险等级和管控措施，及时在信息系统更新。

三、隐患信息

（一）信息报告

2. 各单位负责填报本单位的隐患信息，项目法、运行管理单位负责填报工程隐患信息。各单位要实时填报隐患信息，发现隐患应及时登录信息系统，制定并录入整改方案信息，随时将隐患整改进展情况录入信息系统，隐患治理完成要及时填报完成情况信息。隐患信息实行"零报告"制度，当月没有排查出隐患也要按时报告。

3. 重大事故隐患须经单位（项目法人）主要负责人签字并形成电子扫描件后，通过信息系统上报。

★ 应开展的基础工作

（1）项目法人应根据工程规模向上级水行政主管部门申请注册账号，填报单位安全生产信息。

（2）项目法人应每年1月31日前将本单位安全生产责任人信息报送主管部门。

（3）原则上，每季度首月6日前，将本单位重大危险源和风险等级为重大的一般危险源相关信息上报到水利安全生产监管信息系统。危险源动态调整情况应及时填报。

（4）项目法人应实时填报隐患信息，发现隐患应及时登录信息系统，制定并录入整改方案信息，随时将隐患整改进展情况录入信息系统，隐患治理完成应及时填报完成情况信息。当月没有排查出隐患也应按时"零报告"。

（5）重大事故隐患应经项目法人主要负责人签字并形成电子扫描件后，通过信息系统上报。

● 违规行为标准条文

43. 未按规定为从业人员办理工伤保险。（一般）

◆ 法律、法规、规范性文件和技术标准要求

《中华人民共和国安全生产法》（主席令第八十八号，2021年修正）

第五十一条 生产经营单位必须依法参加工伤保险，为从业人员缴纳保险费。国家鼓励生产经营单位投保安全生产责任保险；属于国家规定的高危行业、领域的生产经营单位，应当投保安全生产责任保险。具体范围和实施办法由国务院应急管理部门会同国务院财政部门、国务院保险监督管理机构和相关行业主管部门制定。

第五十二条　生产经营单位与从业人员订立的劳动合同,应当载明有关保障从业人员劳动安全、防止职业危害的事项,以及依法为从业人员办理工伤保险的事项。生产经营单位不得以任何形式与从业人员订立协议,免除或者减轻其对从业人员因生产安全事故伤亡依法应承担的责任。

第五十六条　生产经营单位发生生产安全事故后,应当及时采取措施救治有关人员。

因生产安全事故受到损害的从业人员,除依法享有工伤保险外,依照有关民事法律尚有获得赔偿的权利的,有权提出赔偿要求。

《中华人民共和国社会保险法》（主席令第二十五号,2018 年修正）

第三十三条　职工应当参加工伤保险,由用人单位缴纳工伤保险费,职工不缴纳工伤保险费。

《工伤保险条例》（国务院令第 586 号,2010 年修订）

第二条　中华人民共和国境内的企业、事业单位、社会团体、民办非企业单位、基金会、律师事务所、会计师事务所等组织和有雇工的个体工商户（以下称用人单位）应当依照本条例规定参加工伤保险,为本单位全部职工或者雇工（以下称职工）缴纳工伤保险费。

第六十二条　用人单位依照本条例规定应当参加工伤保险而未参加的,由社会保险行政部门责令限期参加,补缴应当缴纳的工伤保险费,并自欠缴之日起,按日加收万分之五的滞纳金;逾期仍不缴纳的,处欠缴数额 1 倍以上 3 倍以下的罚款。

依照本条例规定应当参加工伤保险而未参加工伤保险的用人单位职工发生工伤的,由该用人单位按照本条例规定的工伤保险待遇项目和标准支付费用。

用人单位参加工伤保险并补缴应当缴纳的工伤保险费、滞纳金后,由工伤保险基金和用人单位依照本条例的规定支付新发生的费用。

《水利水电勘测设计单位安全生产标准化评审规程》（T/CWEC 17—2020）

1.4.6　按照有关规定,为从业人员及时办理相关保险。

★ 应开展的基础工作

（1）项目法人应依规对全部职工办理工伤保险,并缴纳费用。

（2）项目法人应注意留存参加工伤保险的相关资料,如参加工伤保险缴费记录及相关完税证明,做好相关登记。

（3）项目法人应积极配合有关部门开展职工工伤的申报、劳动能力的鉴定等工作。

（4）监督检查各参加单位是否为职工缴纳工伤保险。

● 违规行为标准条文

44. 未为现场人员配备必要的劳动防护用品,或人员未正确佩戴使用劳动防护用品。（一般）

◆ 法律、法规、规范性文件和技术标准要求

《中华人民共和国安全生产法》（主席令第八十八号，2021年修正）

第四十五条　生产经营单位必须为从业人员提供符合国家标准或者行业标准的劳动防护用品，并监督、教育从业人员按照使用规则佩戴、使用。

第四十七条　生产经营单位应当安排用于配备劳动防护用品、进行安全生产培训的经费。

第五十七条　从业人员在作业过程中，应当严格落实岗位安全责任，遵守本单位的安全生产规章制度和操作规程，服从管理，正确佩戴和使用劳动防护用品。

第九十九条　生产经营单位有下列行为之一的，责令限期改正，处五万元以下的罚款；逾期未改正的，处五万元以上二十万元以下的罚款，对其直接负责的主管人员和其他直接责任人员处一万元以上二万元以下的罚款；情节严重的，责令停产停业整顿；构成犯罪的，依照刑法有关规定追究刑事责任：

（一）未在有较大危险因素的生产经营场所和有关设施、设备上设置明显的安全警示标志的；

（二）安全设备的安装、使用、检测、改造和报废不符合国家标准或者行业标准的；

（三）未对安全设备进行经常性维护、保养和定期检测的；

（四）关闭、破坏直接关系生产安全的监控、报警、防护、救生设备、设施，或者篡改、隐瞒、销毁其相关数据、信息的；

（五）未为从业人员提供符合国家标准或者行业标准的劳动防护用品的；

（六）危险物品的容器、运输工具，以及涉及人身安全、危险性较大的海洋石油开采特种设备和矿山井下特种设备未经具有专业资质的机构检测、检验合格，取得安全使用证或者安全标志，投入使用的；

（七）使用应当淘汰的危及生产安全的工艺、设备的；

（八）餐饮等行业的生产经营单位使用燃气未安装可燃气体报警装置的。

《中华人民共和国劳动法》（主席令第二十五号，2018年修正）

第五十四条　用人单位必须为劳动者提供符合国家规定的劳动安全卫生条件和必要的劳动防护用品，对从事有职业危害作业的劳动者应当定期进行健康检查。

《建设工程安全生产管理条例》（国务院令第393号）

第三十二条　施工单位应当向作业人员提供安全防护用具和安全防护服装，并书面告知危险岗位的操作规程和违章操作的危害。

作业人员有权对施工现场的作业条件、作业程序和作业方式中存在的安全问题提出批评、检举和控告，有权拒绝违章指挥和强令冒险作业。

在施工中发生危及人身安全的紧急情况时，作业人员有权立即停止作业或者在采取必要的应急措施后撤离危险区域。

《水利水电工程施工安全防护设施技术规范》(SL 714—2015)

    3.12   安全防护用品

    3.12.1   施工生产使用的安全防护用品如安全帽、安全带、安全网等，应符合国家规定的质量标准，具有厂家安全生产许可证、产品合格证和安全鉴定合格证，否则不应采购、发放和使用。

    3.12.2   安全防护用品应按规定要求正确使用，不应使用超过使用期限的安全防护用具；常用安全防护用具应经常检查和定期实验，其检查实验的要求和周期应符合有关规定。

    3.12.3   安全防护用具，严禁作其他工具使用，并应妥善保管，安全帽、安全带等应放在空气流通、干燥处。

★ 应开展的基础工作

（1）项目法人应为现场人员配备必要且合格的劳动防护用品，如安全帽、反光衣等，并保存厂家安全生产许可证、产品合格证和安全鉴定合格证。

（2）现场人员应正确佩戴使用安全防护用品，并妥善保管。

（3）项目法人应开展教育培训，教育作业人员正确佩戴、使用防护用品，上岗作业前进行安全检查。

（4）项目法人应建立安全防护用品发放台账，留存安全防护用品发放记录。

（5）项目法人应监督检查各参建单位安全防护用品的配备使用工作。

● 违规行为标准条文

45. 与从业人员订立的劳动合同，未载明有关保障从业人员劳动安全、防止职业危害的事项，或与从业人员订立协议，免除或者减轻其对从业人员因生产安全事故伤亡依法应承担的责任。（一般）

◆ 法律、法规、规范性文件和技术标准要求

《中华人民共和国安全生产法》(主席令第八十八号，2021年修正)

    第五十二条   生产经营单位与从业人员订立的劳动合同，应当载明有关保障从业人员劳动安全、防止职业危害的事项，以及依法为从业人员办理工伤保险的事项。

    生产经营单位不得以任何形式与从业人员订立协议，免除或者减轻其对从业人员因生产安全事故伤亡依法应承担的责任。

    第一百零六条   生产经营单位与从业人员订立协议，免除或者减轻其对从业人员因生产安全事故伤亡依法应承担的责任的，该协议无效；对生产经营单位的主要负责人、个人经营的投资人处二万元以上十万元以下的罚款。

《中华人民共和国劳动合同法》（主席令第七十三号，2012年修正）

第八条　用人单位招用劳动者时，应当如实告知劳动者工作内容、工作条件、工作地点、职业危害、安全生产状况、劳动报酬，以及劳动者要求了解的其他情况；用人单位有权了解劳动者与劳动合同直接相关的基本情况，劳动者应当如实说明。

《水利水电工程施工安全管理导则》（SL 721—2015）

12.1.5　各参建单位与员工订立劳动合同时，应如实告知本单位从业人员作业过程中可能产生的职业危害及其后果、防护措施等，并对从业人员及相关方进行宣传教育，使其了解生产过程中的职业危害、预防和应急处理措施，降低或消除危害后果。

★ 应开展的基础工作

（1）项目法人与从业人员订立的劳动合同，应遵循合法、公平、平等自愿、协商一致、诚实信用的原则，并应载明有关保障从业人员劳动安全、防止职业危害的事项。

（2）订立的劳动合同，与从业人员订立的协议，免除或者减轻其对从业人员因生产安全事故伤亡依法应承担的责任的，该协议无效。

● 违规行为标准条文

46.委托不具备国家规定资质条件的机构承担安全评价、认证、检测、检验职责，或存在租借资质、挂靠、出具虚假报告等问题。（严重）

◆ 法律、法规、规范性文件和技术标准要求

《中华人民共和国安全生产法》（主席令第八十八号，2021年修正）

第七十二条　承担安全评价、认证、检测、检验职责的机构应当具备国家规定的资质条件，并对其作出的安全评价、认证、检测、检验结果的合法性、真实性负责。资质条件由国务院应急管理部门会同国务院有关部门制定。

承担安全评价、认证、检测、检验职责的机构应当建立并实施服务公开和报告公开制度，不得租借资质、挂靠、出具虚假报告。

第九十二条　承担安全评价、认证、检测、检验职责的机构出具失实报告的，责令停业整顿，并处三万元以上十万元以下的罚款；给他人造成损害的，依法承担赔偿责任。

承担安全评价、认证、检测、检验职责的机构租借资质、挂靠、出具虚假报告的，没收违法所得；违法所得在十万元以上的，并处违法所得二倍以上五倍以下的罚款，没有违法所得或者违法所得不足十万元的，单处或者并处十万元以上二十万元以下的罚款；对其直接负责的主管人员和其他直接责任人员处五万元以上十万元以下的罚款；给他人造成损害的，与生产经营单位承担连带赔偿责任；构成犯罪的，依照刑法有关规定追究刑事责任。

对有前款违法行为的机构及其直接责任人员，吊销其相应资质和资格，五年内不得从事安全评价、认证、检测、检验等工作；情节严重的，实行终身行业和职业禁入。

《水利工程建设项目法人管理指导意见》（水利部水建设〔2020〕258号）

五、切实履行项目法人职责

（十六）项目法人应加强对勘察、设计、施工、监理、监测、咨询、质量检测和材料、设备制造供应等参建单位的合同履约管理。要以工程质量和安全为核心，定期检查以下内容：

7. 对质量检测单位，重点检查是否按合同要求建立工地现场实验室，人员资格和检测能力情况，质量检测相关标准执行情况，是否存在转包、违法分包检测业务等。

★ 应开展的基础工作

（1）项目法人应委托具备国家规定资质条件的机构承担安全评价、认证、检测、检验职责。

（2）项目法人应检查机构的营业执照、资质证书等证件，人员资质和监测能力、相关标准执行情况。

（3）项目法人应重点检查检测机构是否存在转包、违法分包检测业务，是否出具失真或虚假报告等情况。

● 违规行为标准条文

47. 对勘察、设计、施工、工程监理等单位提出不符合建设工程安全生产法律、法规和强制性标准规定的要求。（严重）

◆ 法律、法规、规范性文件和技术标准要求

《建设工程安全生产管理条例》（国务院令第393号）

第七条　建设单位不得对勘察、设计、施工、工程监理等单位提出不符合建设工程安全生产法律、法规和强制性标准规定的要求，不得压缩合同约定的工期。

第五十五条　违反本条例的规定，建设单位有下列行为之一的，责令限期改正，处20万元以上50万元以下的罚款；造成重大安全事故，构成犯罪的，对直接责任人员，依照刑法有关规定追究刑事责任；造成损失的，依法承担赔偿责任：

（一）对勘察、设计、施工、工程监理等单位提出不符合安全生产法律、法规和强制性标准规定的要求的；

（二）要求施工单位压缩合同约定的工期的；

（三）将拆除工程发包给不具有相应资质等级的施工单位的。

《水利工程项目法人安全生产标准化评审标准》（水利部办安监〔2018〕52号）

4.2.22 不得对参建单位提出违反建设工程安全生产法律、法规和强制性标准规定的要求，不得随意压缩合同约定的工期。

★ 应开展的基础工作

项目法人应监督检查勘察、设计、施工、工程监理等单位，严格按照建设工程安全生产法律、法规和强制性标准规定的要求开展工作。

● 违规行为标准条文

48. 压缩合同约定的工期。（严重）

◆ 法律、法规、规范性文件和技术标准要求

《建设工程安全生产管理条例》（国务院令第393号）

第七条 建设单位不得对勘察、设计、施工、工程监理等单位提出不符合建设工程安全生产法律、法规和强制性标准规定的要求，不得压缩合同约定的工期。

第五十五条 违反本条例的规定，建设单位有下列行为之一的，责令限期改正，处20万元以上50万元以下的罚款；造成重大安全事故，构成犯罪的，对直接责任人员，依照刑法有关规定追究刑事责任；造成损失的，依法承担赔偿责任：

（一）对勘察、设计、施工、工程监理等单位提出不符合安全生产法律、法规和强制性标准规定的要求的；

（二）要求施工单位压缩合同约定的工期的；

（三）将拆除工程发包给不具有相应资质等级的施工单位的。

《水利工程项目法人安全生产标准化评审标准》（水利部办安监〔2018〕52号）

4.2.22 不得对参建单位提出违反建设工程安全生产法律、法规和强制性标准规定的要求，不得随意压缩合同约定的工期。

★ 应开展的基础工作

项目法人应监督各参建单位在合同工期内完成施工项目，不得随意压缩合同约定的工期。

● 违规行为标准条文

49. 故意提供虚假情况，或隐瞒存在的事故隐患以及其他安全问题。（严重）

◆ 法律、法规、规范性文件和技术标准要求

《中华人民共和国安全生产法》（主席令第八十八号，2021年修正）

第一百一十一条 有关地方人民政府、负有安全生产监督管理职责的部门，对生产安全事故隐瞒不报、谎报或者迟报的，对直接负责的主管人员和其他直接责任人员依法给予处分；构成犯罪的，依照刑法有关规定追究刑事责任。

《中华人民共和国刑法》（主席令第十八号，2023年修正）

第一百三十九条之一 在安全事故发生后，负有报告职责的人员不报或者谎报事故情况，贻误事故抢救，情节严重的，处三年以下有期徒刑或者拘役；情节特别严重的，处三年以上七年以下有期徒刑。

《国务院关于特大安全事故行政责任追究的规定》（国务院令第302号）

第十六条 特大安全事故发生后，有关县（市、区）、市（地、州）和省、自治区、直辖市人民政府及政府有关部门应当按照国家规定的程序和时限立即上报，不得隐瞒不报、谎报或者拖延报告，并应当配合、协助事故调查，不得以任何方式阻碍、干涉事故调查。

特大安全事故发生后，有关地方人民政府及政府有关部门违反前款规定的，对政府主要领导人和政府部门正职负责人给予降级的行政处分。

《水利安全生产监督管理办法（试行）》（水利部水监督〔2021〕412号）

第二十一条 各级水行政主管部门、流域管理机构应当建立健全安全风险分级管控和隐患排查治理制度标准体系，建立安全风险数据库，实行差异化监管，督促指导水利生产经营单位开展危险源辨识和风险评价，加强对重大危险源和风险等级为重大的一般危险源的管控。

各级水行政主管部门、流域管理机构应当将隐患排查治理作为本辖区（单位）水利安全生产监督管理的重要内容，加强督促指导和监督检查，对水利生产经营单位未建立事故隐患排查治理制度，未及时排查并采取措施消除事故隐患，未如实记录事故隐患排查治理情况或者未向从业人员通报等行为，按照有关规定追究责任。地方水行政主管部门应当建立健全重大事故隐患督办制度，督促指导水利生产经营单位及时消除重大事故隐患。

《安全生产违法行为行政处罚办法》（安监总局令第77号，2015年修正）

第四十五条 生产经营单位及其主要负责人或者其他人员有下列行为之一的，给予警告，并可以对生产经营单位处1万元以上3万元以下罚款，对其主要负责人、其他有关人员处1千元以上1万元以下的罚款：

（一）违反操作规程或者安全管理规定作业的；

（二）违章指挥从业人员或者强令从业人员违章、冒险作业的；

（三）发现从业人员违章作业不加制止的；

（四）超过核定的生产能力、强度或者定员进行生产的；

（五）对被查封或者扣押的设施、设备、器材、危险物品和作业场所，擅自启封或者使用的；

（六）故意提供虚假情况或者隐瞒存在的事故隐患以及其他安全问题的；

（七）拒不执行安全监管监察部门依法下达的安全监管监察指令的。

★ 应开展的基础工作

（1）项目法人应如实提供关于事故隐患和安全问题的真实证据和材料。

（2）对存在事故隐患和安全问题，项目法人应如实地向从业人员公开，并采取相应措施进行管控。

● 违规行为标准条文

50. 拒绝、阻碍负有安全生产监督管理职责的部门依法实施监督检查。（严重）

◆ 法律、法规、规范性文件和技术标准要求

《中华人民共和国安全生产法》（主席令第八十八号，2021年修正）

第六十六条　生产经营单位对负有安全生产监督管理职责的部门的监督检查人员（以下统称安全生产监督检查人员）依法履行监督检查职责，应当予以配合，不得拒绝、阻挠。

第八十八条　任何单位和个人不得阻挠和干涉对事故的依法调查处理。

第一百零八条　违反本法规定，生产经营单位拒绝、阻碍负有安全生产监督管理职责的部门依法实施监督检查的，责令改正；拒不改正的，处二万元以上二十万元以下的罚款；对其直接负责的主管人员和其他直接责任人员处一万元以上二万元以下的罚款；构成犯罪的，依照刑法有关规定追究刑事责任。

《水利工程建设安全生产管理规定》（水利部令第50号，2019年修正）

第二十六条　水行政主管部门和流域管理机构按照分级管理权限，负责水利工程建设安全生产的监督管理。水行政主管部门或者流域管理机构委托的安全生产监督机构，负责水利工程施工现场的具体监督检查工作。

第二十七条　水利部负责全国水利工程建设安全生产的监督管理工作，其主要职责是：

（一）贯彻、执行国家有关安全生产的法律、法规和政策，制定有关水利工程建设安全生产的规章、规范性文件和技术标准；

（二）监督、指导全国水利工程建设安全生产工作，组织开展对全国水利工程建设安全生产情况的监督检查；

（三）组织、指导全国水利工程建设安全生产监督机构的建设、管理以及水利水电工程施工单位的主要负责人、项目负责人和专职安全生产管理人员的安全生产考核工作。

第二十八条　流域管理机构负责所管辖的水利工程建设项目的安全生产监督工作。

第二十九条　省、自治区、直辖市人民政府水行政主管部门负责本行政区域内所管辖的水利工程建设安全生产的监督管理工作，其主要职责是：

（一）贯彻、执行有关安全生产的法律、法规、规章、政策和技术标准，制定地方有关水利工程建设安全生产的规范性文件；

（二）监督、指导本行政区域内所管辖的水利工程建设安全生产工作，组织开展对本行政区域内所管辖的水利工程建设安全生产情况的监督检查；

（三）组织、指导本行政区域内水利工程建设安全生产监督机构的建设工作以及有关的水利水电工程施工单位的主要负责人、项目负责人和专职安全生产管理人员的安全生产考核工作。

市、县级人民政府水行政主管部门水利工程建设安全生产的监督管理职责，由省、自治区、直辖市人民政府水行政主管部门规定。

第三十条　水行政主管部门或者流域管理机构委托的安全生产监督机构，应当严格按照有关安全生产的法律、法规、规章和技术标准，对水利工程施工现场实施监督检查。

安全生产监督机构应当配备一定数量的专职安全生产监督人员。

第三十一条　水行政主管部门或者其委托的安全生产监督机构应当自收到本规定第九条和第十一条规定的有关备案资料后20日内，将有关备案资料抄送同级安全生产监督管理部门。流域管理机构抄送项目所在地省级安全生产监督管理部门，并报水利部备案。

第三十二条　水行政主管部门、流域管理机构或者其委托的安全生产监督机构依法履行安全生产监督检查职责时，有权采取下列措施：

（一）要求被检查单位提供有关安全生产的文件和资料；

（二）进入被检查单位施工现场进行检查；

（三）纠正施工中违反安全生产要求的行为；

（四）对检查中发现的安全事故隐患，责令立即排除；重大安全事故隐患排除前或者排除过程中无法保证安全的，责令从危险区域内撤出作业人员或者暂时停止施工。

第三十三条　各级水行政主管部门和流域管理机构应当建立举报制度，及时受理对水利工程建设生产安全事故及安全事故隐患的检举、控告和投诉；对超出管理权限的，应当及时转送有管理权限的部门。举报制度应当包括以下内容：

（一）公布举报电话、信箱或者电子邮件地址，受理对水利工程建设安全生产的举报；

（二）对举报事项进行调查核实，并形成书面材料；

（三）督促落实整顿措施，依法作出处理。

《安全生产违法行为行政处罚办法》（安监总局令第 77 号，2015 年修正）

第五十五条　生产经营单位及其有关人员有下列情形之一的，应当从重处罚：

（一）危及公共安全或者其他生产经营单位安全的，经责令限期改正，逾期未改正的；

（二）一年内因同一违法行为受到两次以上行政处罚的；

（三）拒不整改或者整改不力，其违法行为呈持续状态的；

（四）拒绝、阻碍或者以暴力威胁行政执法人员的。

★ 应开展的基础工作

（1）依据国家法律法规和规范要求，接受上级单位和建设项目相关部门的监督检查工作。

（2）如实、完整地提供检查组需要的信息和情况。

（3）认真整改落实检查组提出的相关问题，并监督建设单位关于问题的整改情况，审核整改汇报并提出修改意见。

勘察(测)设计
单位篇

第九章 安全管理体系

● **违规行为标准条文**

1. 未建立全员安全生产责任制。(一般)

◆ **法律、法规、规范性文件和技术标准要求**

《中华人民共和国安全生产法》(主席令第八十八号,2021年修正)

第四条 生产经营单位必须遵守本法和其他有关安全生产的法律、法规,加强安全生产管理,建立健全全员安全生产责任制和安全生产规章制度,加大对安全生产资金、物资、技术、人员的投入保障力度,改善安全生产条件,加强安全生产标准化、信息化建设,构建安全风险分级管控和隐患排查治理双重预防机制,健全风险防范化解机制,提高安全生产水平,确保安全生产。

平台经济等新兴行业、领域的生产经营单位应当根据本行业、领域的特点,建立健全并落实全员安全生产责任制,加强从业人员安全生产教育和培训,履行本法和其他法律、法规规定的有关安全生产义务。

第二十一条 生产经营单位的主要负责人对本单位安全生产工作负有下列职责:

(一)建立健全并落实本单位全员安全生产责任制,加强安全生产标准化建设。

《建设工程安全生产管理条例》(国务院令第393号)

第四条 建设单位、勘察单位、设计单位、施工单位、工程监理单位及其他与建设工程安全生产有关的单位,必须遵守安全生产法律、法规的规定,保证建设工程安全生产,依法承担建设工程安全生产责任。

《水利工程建设安全生产管理规定》(水利部令第50号,2019年修正)

第五条 项目法人(或者建设单位,下同)、勘察(测)单位、设计单位、施工单位、建设监理单位及其他与水利工程建设安全生产有关的单位,必须遵守安全生产法律、法规和本规定,保证水利工程建设安全生产,依法承担水利工程建设安全生产责任。

《国务院安委会办公室关于全面加强企业全员安全生产责任制工作的通知》(安委办〔2017〕29号)

二、建立健全企业全员安全生产责任制

(三)依法依规制定完善企业全员安全生产责任制。企业主要负责人负责建立、健全企业的全员安全生产责任制。企业要按照《安全生产法》《职业病防治法》等法律法规规定，参照《企业安全生产标准化基本规范》（GB/T 33000—2016）和《企业安全生产责任体系五落实五到位规定》（安监总办〔2015〕27号）等有关要求，结合企业自身实际，明确从主要负责人到一线从业人员（含劳务派遣人员、实习学生等）的安全生产责任、责任范围和考核标准。安全生产责任制应覆盖本企业所有组织和岗位，其责任内容、范围、考核标准要简明扼要、清晰明确、便于操作、适时更新。企业一线从业人员的安全生产责任制，要力求通俗易懂。

《水利水电工程施工安全管理导则》（SL 721—2015）

1.0.4 各参建单位应贯彻"安全第一，预防为主，综合治理"的方针，建立安全管理体系，落实安全生产责任制，健全规章制度，保障安全生产投入，加强安全教育培训，依靠科学管理和技术进步，提高施工安全管理水平。

4.5.1 各参建单位应建立健全以主要负责人为核心的安全生产责任制，明确各级负责人、各职能部门和各岗位的责任人员、责任范围和考核标准。

★ 应开展的基础工作

勘察设计单位应结合组织机构设置、人员分工情况，建立健全全员安全生产责任制，并以正式文件下发。

● 违规行为标准条文

2. 全员安全生产责任制未明确各岗位责任人员、责任范围和考核标准。（一般）

◆ 法律、法规、规范性文件和技术标准要求

《中华人民共和国安全生产法》（主席令第八十八号，2021年修正）

第二十二条 生产经营单位的全员安全生产责任制应当明确各岗位的责任人员、责任范围和考核标准等内容。

生产经营单位应当建立相应的机制，加强对全员安全生产责任制落实情况的监督考核，保证全员安全生产责任制的落实。

《国务院安委会办公室关于全面加强企业全员安全生产责任制工作的通知》（安委办〔2017〕29号）

二、建立健全企业全员安全生产责任制

（三）依法依规制定完善企业全员安全生产责任制。企业主要负责人负责建立、健全企业的全员安全生产责任制。企业要按照《安全生产法》《职业病防治法》等法律法规规定，参照《企业安全生产标准化基本规范》（GB/T 33000—2016）和《企业安全生产责任体系五落实五到位规定》（安监总办〔2015〕27号）等有关要求，结合企业自身实际，明

确从主要负责人到一线从业人员（含劳务派遣人员、实习学生等）的安全生产责任、责任范围和考核标准。安全生产责任制应覆盖本企业所有组织和岗位，其责任内容、范围、考核标准要简明扼要、清晰明确、便于操作、适时更新。企业一线从业人员的安全生产责任制，要力求通俗易懂。

《水利水电工程施工安全管理导则》（SL 721—2015）

4.5.1 各参建单位应建立健全以主要负责人为核心的安全生产责任制，明确各级负责人、各职能部门和各岗位的责任人员、责任范围和考核标准。

★ 应开展的基础工作

（1）全员安全生产责任制应包括以下主要方面：一是生产经营单位的各级负责生产和经营的管理人员，在完成生产或者经营任务的同时，对保证生产安全负责；二是各职能部门的人员，对自己业务范围内有关的安全生产负责；三是班组长、特种作业人员，对其岗位的安全生产工作负责；四是所有从业人员，应在自己本职工作范围内做到安全生产；五是各类安全责任的考核标准以及奖惩措施。

（2）全员安全生产责任制应定岗位、定人员、定安全责任，根据岗位的实际工作情况，确定相应的人员，明确岗位职责和相应的安全生产职责，实行"一岗双责"。

（3）考核标准应明确考核人员的组成、考核频次、考核标准等。

（4）全员安全生产责任制应内容全面、要求清晰、操作方便，各岗位的责任人员、责任范围及相关考核标准一目了然。

● 违规行为标准条文

3. 未建立安全生产责任制落实情况的监督考核机制，或未开展监督考核。（一般）

◆ 法律、法规、规范性文件和技术标准要求

《中华人民共和国安全生产法》（主席令第八十八号，2021年修正）

第二十二条 生产经营单位的全员安全生产责任制应当明确各岗位的责任人员、责任范围和考核标准等内容。

生产经营单位应当建立相应的机制，加强对全员安全生产责任制落实情况的监督考核，保证全员安全生产责任制的落实。

《国务院安委会办公室关于全面加强企业全员安全生产责任制工作的通知》（安委办〔2017〕29号）

二、建立健全企业全员安全生产责任制

（六）加强落实企业全员安全生产责任制的考核管理。企业要建立健全安全生产责任制管理考核制度，对全员安全生产责任制落实情况进行考核管理。要健全激励约束机制，

通过奖励主动落实、全面落实责任，惩处不落实责任、部分落实责任，不断激发全员参与安全生产工作的积极性和主动性，形成良好的安全文化氛围。

《水利水电工程施工安全管理导则》(SL 721—2015)

4.5.2 项目法人主要负责人应履行下列安全管理职责：

1 贯彻落实法律、法规、规章、制度和标准，组织制订项目安全生产管理制度、安全生产目标管理计划、保证安全生产措施方案和生产安全事故应急预案；

2 建立健全项目安全生产责任制，并组织检查、落实；

3 主持召开安全生产领导小组会议，协调解决安全生产重大问题；

4 负责落实安全生产费用，监督施工单位按规定使用；

5 组织开展项目安全检查，及时消除事故隐患；

6 组织年度安全考核、评比、奖惩；

7 组织开展职工安全教育培训；

8 组织或配合生产安全事故调查处理；

9 及时、如实报告生产安全事故等。

4.5.10 各参建单位每季度应对各部门、人员安全生产责任制落实情况进行检查、考核，并根据考核标准进行奖惩。

★ 应开展的基础工作

（1）建立完善全员安全生产责任制监督、考核、奖惩的相关制度。

（2）每季度应对各部门、人员安全生产责任制落实情况进行检查、考核，并根据考核标准进行奖惩。

（3）考核内容应与责任制中对应的责任相结合，并进行量化打分。

● 违规行为标准条文

4. 未结合本项目实际执行单位的安全生产规章制度。（一般）

◆ 法律、法规、规范性文件和技术标准要求

《中华人民共和国安全生产法》(主席令第八十八号，2021年修正)

第四条 生产经营单位必须遵守本法和其他有关安全生产的法律、法规，加强安全生产管理，建立健全全员安全生产责任制和安全生产规章制度，加大对安全生产资金、物资、技术、人员的投入保障力度，改善安全生产条件，加强安全生产标准化、信息化建设，构建安全风险分级管控和隐患排查治理双重预防机制，健全风险防范化解机制，提高安全生产水平，确保安全生产。

平台经济等新兴行业、领域的生产经营单位应当根据本行业、领域的特点，建立健全

并落实全员安全生产责任制，加强从业人员安全生产教育和培训，履行本法和其他法律、法规规定的有关安全生产义务。

第二十五条　生产经营单位的安全生产管理机构以及安全生产管理人员履行下列职责：

（一）组织或者参与拟订本单位安全生产规章制度、操作规程和生产安全事故应急救援预案；

（二）组织或者参与本单位安全生产教育和培训，如实记录安全生产教育和培训情况；

（三）组织开展危险源辨识和评估，督促落实本单位重大危险源的安全管理措施；

（四）组织或者参与本单位应急救援演练；

（五）检查本单位的安全生产状况，及时排查生产安全事故隐患，提出改进安全生产管理的建议；

（六）制止和纠正违章指挥、强令冒险作业、违反操作规程的行为；

（七）督促落实本单位安全生产整改措施。

生产经营单位可以设置专职安全生产分管负责人，协助本单位主要负责人履行安全生产管理职责。

《企业安全生产标准化基本规范》（GB/T 33000—2016）

5　核心要求

5.2　制度化管理

5.2.2　规章制度

企业应建立健全安全生产和职业卫生规章制度，并征求工会及从业人员意见和建议，规范安全生产和职业卫生管理工作。

企业应确保从业人员及时获取制度文本。

企业安全生产和职业卫生规章制度包括但不限于下列内容：

——目标管理；

——安全生产和职业卫生责任制；

——安全生产承诺；

——安全生产投入；

——安全生产信息化；

——四新（新技术、新材料、新工艺、新设备设施）管理；

——文化、记录和档案管理；

——安全风险管理、隐患排查治理；

——职业危害防治；

——教育培训；

——班组安全活动；

——特种作业人员管理；

——建设项目安全设施、职业病防护设施"三同时"管理；

——设备设施管理；

——施工和检维修安全管理；

——危险物品管理；

——危险作业安全管理；

——安全警示标志管理；

——安全预测预警；

——安全生产奖惩管理；

——相关方安全管理；

——变更管理；

——个体防护用品管理；

——应急管理；

——事故管理；

——安全生产报告；

——绩效评定管理。

《水利水电工程施工安全管理导则》（SL 721—2015）

5.1.1 工程开工前，各参建单位应组织识别适用的安全生产法律、法规、规章、制度和标准，报项目法人。

5.1.7 其他有关参建单位应根据《适用的安全生产法律、法规、规章、制度和标准清单》和相关要求，制订本单位的安全管理制度，应至少包括安全生产责任制度、安全生产教育培训制度、安全生产检查制度等。

5.2.2 各参建单位应将适用的安全生产法律、法规、规章、制度和标准清单和安全管理制度印制成册或制订电子文档配发给单位各部门和岗位，组织全体从业人员学习，并做好学习记录，主持人和参加学习的人员应签字确认。

《水利水电勘测设计单位安全生产标准化评审规程》（T/CWEC 17—2020）

2.2.1 及时将识别、获取的安全生产法律法规和其他要求转化为本单位规章制度，结合本单位实际，建立健全安全生产规章制度体系。规章制度内容应包括但不限于：

1. 目标管理；

2. 全员安全生产责任制；

3. 安全生产考核奖惩管理；

4. 安全生产费用管理；

5. 安全生产信息化；

6. 法律法规标准规范管理；

7. 文件、记录和档案管理；

8. 教育培训；

9. 特种作业人员管理；

10. 设备设施管理；

11. 文明施工、环境保护管理；

12. 安全技术措施管理；

13. 安全设施"三同时"管理；

14. 交通安全管理；

15. 消防安全管理；

16. 汛期安全管理；

17. 用电安全管理；

18. 危险物品管理；

19. 劳动防护用品（具）管理；

20. 班组安全活动；

21. 相关方安全管理（包括工程分包方安全管理）；

22. 职业健康管理；

23. 安全警示标志管理；

24. 危险源辨识、风险评价与分级管控；

25. 隐患排查治理；

26. 变更管理；

27. 安全预测预警；

28. 应急管理；

29. 事故管理；

30. 绩效评定管理。

2.2.2 及时将安全生产规章制度发放到相关工作岗位，并组织培训。

★ 应开展的基础工作

（1）开工前，勘测设计单位应结合本单位的规章制度以及适用的安全生产法律、法规、规章、标准，制定适合项目的安全生产规章制度，并报项目法人。

（2）所有的安全生产管理制度应以正式文件下发，并发放到相关工作岗位，组织培训。

● 违规行为标准条文

5. 未配备专职或者兼职的安全生产管理人员。（严重）

◆ 法律、法规、规范性文件和技术标准要求

《中华人民共和国安全生产法》（主席令第八十八号，2021年修正）

第二十四条 矿山、金属冶炼、建筑施工、运输单位和危险物品的生产、经营、储存、装卸单位，应当设置安全生产管理机构或者配备专职安全生产管理人员。前款规定以外的其他生产经营单位，从业人员超过一百人的，应当设置安全生产管理机构或者配备专职安全生产管理人员；从业人员在一百人以下的，应当配备专职或者兼职的安全生产管理

人员。

《水利水电勘测设计单位安全生产标准化评审规程》（T/CWEC 17—2020）

1.2.3 按规定设置安全生产管理机构或者配备专（兼）职安全生产管理人员，建立健全安全生产管理网络。

★ 应开展的基础工作

（1）勘察（测）设计应结合项目实际按规定设置安全生产管理机构或者配备专（兼）职安全生产管理人员。

（2）安全生产管理机构或者配备专（兼）职安全生产管理人员应以正式文件印发。

● 违规行为标准条文

6. 未及时识别本项目适用的安全生产法律、法规、规章、制度和标准。（一般）

◆ 法律、法规、规范性文件和技术标准要求

《水利安全生产标准化通用规范》（SL/T 789—2019）

3.2.1 法规标准识别

水利生产经营单位应建立安全生产和职业健康法律法规、标准规范的管理制度，明确主管部门，确定获取的渠道、方式，及时识别和获取适用、有效的法律法规、标准规范，建立安全生产和职业健康法律法规、标准规范清单和文本数据库。

水利生产经营单位应将适用的安全生产和职业健康法律法规、标准规范的相关要求转化为本单位的规章制度、操作规程，并及时传达给相关从业人员，确保相关要求落实到位。

《水利水电工程施工安全管理导则》（SL 721—2015）

5.1.1 工程开工前，各参建单位应组织识别适用的安全生产法律、法规、规章、制度和标准，报项目法人。

5.1.2 项目法人应及时组织有关参建单位识别适用的安全生产法律、法规、规章、制度和标准，并于工程开工前将《适用的安全生产法律、法规、规章、制度和标准的清单》书面通知各参建单位。各参建单位应将法律、法规、规章、制度和标准的相关要求转化为内部管理制度贯彻执行。

对国家、行业主管部门新发布的安全生产法律、法规、规章、制度和标准，项目法人应及时组织参建单位识别，并将适用的文件清单及时通知有关参建单位。

《水利水电勘测设计单位安全生产标准化评审规程》（T/CWEC 17—2020）

2.2.1 及时将识别、获取的安全生产法律法规和其他要求转化为本单位规章制度，

结合本单位实际，建立健全安全生产规章制度体系。

★ 应开展的基础工作

（1）开工前，勘察（测）设计应组织相关人员识别、获取与本建设项目相适宜的安全生产法律、法规、规章、制度和标准，并按相关要求转化为内部管理制度贯彻执行。

（2）勘察（测）设计应及时识别新发布的安全生产法律、法规、规章、制度和标准，并内部组织学习。

● 违规行为标准条文

7. 超越资质等级许可的范围或者以其他建设工程勘察、设计单位的名义承揽建设工程勘察、设计业务。（一般）

◆ 法律、法规、规范性文件和技术标准要求

《建设工程勘察设计管理条例》（国务院令第 687 号，2017 年修订）

第八条 建设工程勘察、设计单位应当在其资质等级许可的范围内承揽建设工程勘察、设计业务。

禁止建设工程勘察、设计单位超越其资质等级许可的范围或者以其他建设工程勘察、设计单位的名义承揽建设工程勘察、设计业务。禁止建设工程勘察、设计单位允许其他单位或者个人以本单位的名义承揽建设工程勘察、设计业务。

第三十五条 违反本条例第八条规定的，责令停止违法行为，处合同约定的勘察费、设计费 1 倍以上 2 倍以下的罚款，有违法所得的，予以没收；可以责令停业整顿，降低资质等级；情节严重的，吊销资质证书。

未取得资质证书承揽工程的，予以取缔，依照前款规定处以罚款；有违法所得的，予以没收。

以欺骗手段取得资质证书承揽工程的，吊销资质证书，依照本条第一款规定处以罚款；有违法所得的，予以没收。

《建设工程质量管理条例》（国务院令第 714 号，2019 年修订）

第十八条 从事建设工程勘察、设计的单位应当依法取得相应等级的资质证书，并在其资质等级许可的范围内承揽工程。

禁止勘察、设计单位超越其资质等级许可的范围或者以其他勘察、设计单位的名义承揽工程。禁止勘察、设计单位允许其他单位或者个人以本单位的名义承揽工程。

勘察、设计单位不得转包或者违法分包所承揽的工程。

第六十一条 违反本条例规定，勘察、设计、施工、工程监理单位允许其他单位或者个人以本单位名义承揽工程的，责令改正，没收违法所得，对勘察、设计单位和工程监理

单位处合同约定的勘察费、设计费和监理酬金1倍以上2倍以下的罚款；对施工单位处工程合同价款百分之二以上百分之四以下的罚款；可以责令停业整顿，降低资质等级；情节严重的，吊销资质证书。

★ 应开展的基础工作

（1）勘察（测）设计单位应明知资质等级和范围，在其资质等级许可的范围内承揽建设工程勘察、设计业务。

（2）项目现场勘察（测）设计单位代表应留存本单位资质证书的复印件。必须保证复印件的时效性，及时替换更新。

● 违规行为标准条文

8. 允许其他单位或者个人以本单位的名义承揽建设工程勘察、设计业务；将所承揽的建设工程勘察、设计转包。（一般）

◆ 法律、法规、规范性文件和技术标准要求

《建设工程勘察设计管理条例》（国务院令第687号，2017年修订）

第八条 建设工程勘察、设计单位应当在其资质等级许可的范围内承揽建设工程勘察、设计业务。

禁止建设工程勘察、设计单位超越其资质等级许可的范围或者以其他建设工程勘察、设计单位的名义承揽建设工程勘察、设计业务。禁止建设工程勘察、设计单位允许其他单位或者个人以本单位的名义承揽建设工程勘察、设计业务。

第二十条 建设工程勘察、设计单位不得将所承揽的建设工程勘察、设计转包。

第三十五条 违反本条例第八条规定的，责令停止违法行为，处合同约定的勘察费、设计费1倍以上2倍以下的罚款，有违法所得的，予以没收；可以责令停业整顿，降低资质等级；情节严重的，吊销资质证书。

未取得资质证书承揽工程的，予以取缔，依照前款规定处以罚款；有违法所得的，予以没收。

以欺骗手段取得资质证书承揽工程的，吊销资质证书，依照本条第一款规定处以罚款；有违法所得的，予以没收。

第三十九条 违反本条例规定，建设工程勘察、设计单位将所承揽的建设工程勘察、设计转包的，责令改正，没收违法所得，处合同约定的勘察费、设计费25%以上50%以下的罚款，可以责令停业整顿，降低资质等级；情节严重的，吊销资质证书。

《建设工程质量管理条例》（国务院令第714号，2019年修订）

第十八条 从事建设工程勘察、设计的单位应当依法取得相应等级的资质证书，并在

其资质等级许可的范围内承揽工程。

禁止勘察、设计单位超越其资质等级许可的范围或者以其他勘察、设计单位的名义承揽工程。禁止勘察、设计单位允许其他单位或者个人以本单位的名义承揽工程。

勘察、设计单位不得转包或者违法分包所承揽的工程。

第六十一条 违反本条例规定，勘察、设计、施工、工程监理单位允许其他单位或者个人以本单位名义承揽工程的，责令改正，没收违法所得，对勘察、设计单位和工程监理单位处合同约定的勘察费、设计费和监理酬金1倍以上2倍以下的罚款；对施工单位处工程合同价款百分之二以上百分之四以下的罚款；可以责令停业整顿，降低资质等级；情节严重的，吊销资质证书。

★ 应开展的基础工作

（1）勘察、设计单位不应允许其他单位或者个人以本单位的名义承揽建设工程勘察、设计业务。

（2）勘察、设计单位不应将所承揽的建设工程勘察、设计违法转包。

第十章

勘察设计文件

● **违规行为标准条文**

9. 勘察（测）单位未按照法律、法规和工程建设强制性标准（条文）进行勘察（测），成果不符合强制性标准（条文）规定，或不满足建设工程安全生产的需要。（一般）

◆ **法律、法规、规范性文件和技术标准要求**

《建设工程勘察设计管理条例》（国务院令第 687 号，2017 年修订）

第五条　县级以上人民政府建设行政主管部门和交通、水利等有关部门应当依照本条例的规定，加强对建设工程勘察、设计活动的监督管理。

建设工程勘察、设计单位必须依法进行建设工程勘察、设计，严格执行工程建设强制性标准，并对建设工程勘察、设计的质量负责。

第四十一条　违反本条例规定，有下列行为之一的，依照《建设工程质量管理条例》第六十三条的规定给予处罚：

（一）勘察单位未按照工程建设强制性标准进行勘察的；
（二）设计单位未根据勘察成果文件进行工程设计的；
（三）设计单位指定建筑材料、建筑构配件的生产厂、供应商的；
（四）设计单位未按照工程建设强制性标准进行设计的。

《建设工程质量管理条例》（国务院令第 714 号，2019 年修订）

第十九条　勘察、设计单位必须按照工程建设强制性标准进行勘察、设计，并对其勘察、设计的质量负责。

注册建筑师、注册结构工程师等注册执业人员应当在设计文件上签字，对设计文件负责。

第二十条　勘察单位提供的地质、测量、水文等勘察成果必须真实、准确。

第六十三条　违反本条例规定，有下列行为之一的，责令改正，处 10 万元以上 30 万元以下的罚款：

（一）勘察单位未按照工程建设强制性标准进行勘察的；
（二）设计单位未根据勘察成果文件进行工程设计的；
（三）设计单位指定建筑材料、建筑构配件的生产厂、供应商的；
（四）设计单位未按照工程建设强制性标准进行设计的。

有前款所列行为，造成工程质量事故的，责令停业整顿，降低资质等级；情节严重的，吊销资质证书；造成损失的，依法承担赔偿责任。

《建设工程安全生产管理条例》（国务院令第 393 号）

第十二条　勘察单位应当按照法律、法规和工程建设强制性标准进行勘察，提供的勘察文件应当真实、准确，满足建设工程安全生产的需要。

勘察单位在勘察作业时，应当严格执行操作规程，采取措施保证各类管线、设施和周边建筑物、构筑物的安全。

第五十六条　违反本条例的规定，勘察单位、设计单位有下列行为之一的，责令限期改正，处 10 万元以上 30 万元以下的罚款；情节严重的，责令停业整顿，降低资质等级，直至吊销资质证书；造成重大安全事故，构成犯罪的，对直接责任人员，依照刑法有关规定追究刑事责任；造成损失的，依法承担赔偿责任：

（一）未按照法律、法规和工程建设强制性标准进行勘察、设计的；

（二）采用新结构、新材料、新工艺的建设工程和特殊结构的建设工程，设计单位未在设计中提出保障施工作业人员安全和预防生产安全事故的措施建议的。

《水利工程建设安全生产管理规定》（水利部令第 50 号，2019 年修正）

第十二条　勘察（测）单位应当按照法律、法规和工程建设强制性标准进行勘察（测），提供的勘察（测）文件必须真实、准确，满足水利工程建设安全生产的需要。

勘察（测）单位在勘察（测）作业时，应当严格执行操作规程，采取措施保证各类管线、设施和周边建筑物、构筑物的安全。

勘察（测）单位和有关勘察（测）人员应当对其勘察（测）成果负责。

★ 应开展的基础工作

（1）勘察（测）人员应熟知相应的法律、法规和工程建设强制性标准（条文），并按规定开展勘察（测）工作。

（2）勘察（测）单位和勘察人员对其勘察成果负责，成果应符合强制性标准（条文）规定，满足工程安全生产的需要。

（3）组织本项目所有人员，针对识别出的法律、法规和工程建设强制性标准（条文）进行集体学习，并制作成册发放至全体人员。

● 违规行为标准条文

10. 设计单位未按照法律、法规和工程建设强制性标准（条文）以及勘察成果文件进行设计，未考虑项目周边环境对施工安全的影响。（一般）

◆ 法律、法规、规范性文件和技术标准要求

《建设工程勘察设计管理条例》（国务院令第 687 号，2017 年修订）

第五条　县级以上人民政府建设行政主管部门和交通、水利等有关部门应当依照本条

例的规定，加强对建设工程勘察、设计活动的监督管理。

建设工程勘察、设计单位必须依法进行建设工程勘察、设计，严格执行工程建设强制性标准，并对建设工程勘察、设计的质量负责。

第四十一条 违反本条例规定，有下列行为之一的，依照《建设工程质量管理条例》第六十三条的规定给予处罚：

（一）勘察单位未按照工程建设强制性标准进行勘察的；

（二）设计单位未根据勘察成果文件进行工程设计的；

（三）设计单位指定建筑材料、建筑构配件的生产厂、供应商的；

（四）设计单位未按照工程建设强制性标准进行设计的。

《建设工程质量管理条例》（国务院令第714号，2019年修订）

第十九条 勘察、设计单位必须按照工程建设强制性标准进行勘察、设计，并对其勘察、设计的质量负责。

注册建筑师、注册结构工程师等注册执业人员应当在设计文件上签字，对设计文件负责。

第二十一条 设计单位应当根据勘察成果文件进行建设工程设计。

设计文件应当符合国家规定的设计深度要求，注明工程合理使用年限。

第六十三条 违反本条例规定，有下列行为之一的，责令改正，处10万元以上30万元以下的罚款：

（一）勘察单位未按照工程建设强制性标准进行勘察的；

（二）设计单位未根据勘察成果文件进行工程设计的；

（三）设计单位指定建筑材料、建筑构配件的生产厂、供应商的；

（四）设计单位未按照工程建设强制性标准进行设计的。

有前款所列行为，造成工程质量事故的，责令停业整顿，降低资质等级；情节严重的，吊销资质证书；造成损失的，依法承担赔偿责任。

《建设工程安全生产管理条例》（国务院令第393号）

第十三条 设计单位应当按照法律、法规和工程建设强制性标准进行设计，防止因设计不合理导致生产安全事故的发生。

设计单位应当考虑施工安全操作和防护的需要，对涉及施工安全的重点部位和环节在设计文件中注明，并对防范生产安全事故提出指导意见。

采用新结构、新材料、新工艺的建设工程和特殊结构的建设工程，设计单位应当在设计中提出保障施工作业人员安全和预防生产安全事故的措施建议。

设计单位和注册建筑师等注册执业人员应当对其设计负责。

第五十六条 违反本条例的规定，勘察单位、设计单位有下列行为之一的，责令限期改正，处10万元以上30万元以下的罚款；情节严重的，责令停业整顿，降低资质等级，直至吊销资质证书；造成重大安全事故，构成犯罪的，对直接责任人员，依照刑法有关规定追究刑事责任；造成损失的，依法承担赔偿责任：

（一）未按照法律、法规和工程建设强制性标准进行勘察、设计的；

（二）采用新结构、新材料、新工艺的建设工程和特殊结构的建设工程，设计单位未在设计中提出保障施工作业人员安全和预防生产安全事故的措施建议的。

《水利工程建设安全生产管理规定》（水利部令第 50 号，2019 年修正）

第十三条　设计单位应当按照法律、法规和工程建设强制性标准进行设计，并考虑项目周边环境对施工安全的影响，防止因设计不合理导致生产安全事故的发生。

设计单位应当考虑施工安全操作和防护的需要，对涉及施工安全的重点部位和环节在设计文件中注明，并对防范生产安全事故提出指导意见。

采用新结构、新材料、新工艺以及特殊结构的水利工程，设计单位应当在设计中提出保障施工作业人员安全和预防生产安全事故的措施建议。

设计单位和有关设计人员应当对其设计成果负责。

设计单位应当参与与设计有关的生产安全事故分析，并承担相应的责任。

★ 应开展的基础工作

（1）设计单位应按照法律、法规和工程建设强制性标准进行设计，并考虑项目周边环境对施工安全的影响，防止因设计不合理导致生产安全事故的发生。

（2）设计单位和有关设计人员应对其设计成果负责，相关注册建筑师、注册结构工程师等注册执业人员应当在设计文件上签字。

（3）设计文件应符合国家规定的设计深度要求，注明工程合理使用年限。

● 违规行为标准条文

11. 未在初步设计报告中设置安全专篇，或安全专篇内容不完善，可操作性差。（一般）

◆ 法律、法规、规范性文件和技术标准要求

《水利水电工程施工安全管理导则》（SL 721—2015）

4.4.2　设计单位应在设计报告中设置安全专篇，并对其并对其设计负责，其应履行下列安全生产管理职责：

1　按照法律、法规和标准进行设计，防止因设计不合理导致生产安全事故的发生；

2　对涉及施工安全的重点部位和环节应在设计文件中注明，并对防范生产安全事故提出指导意见；

3　对采用新结构、新材料、新工艺和特殊结构的建设工程，应在设计报告中提出保障施工作业人员安全和预防生产安全事故的措施建议；

4　在技术设计和施工图纸设计时，应落实初步设计中的安全专篇内容和初步设计审查通过的安全专篇的审查意见；

5　在工程开工前，应向施工单位和监理单位说明勘察、设计意图，解释勘察、设计

文件等。

《水利水电勘测设计单位安全生产标准化评审规程》（T/CWEC 17—2020）
4.1.9 工程安全设施设计
工程的安全设施设计应符合 GB 50706 等有关规定，确保建设项目的安全设施和职业病防护设施与建设项目主体工程同时设计。
在进行技施设计和施工图设计时，应落实初步设计安全专篇内容和初步设计审查通过的安全专篇及其审查意见。

★ 应开展的基础工作

（1）设计单位应按照 SL/T 619《水利水电工程初步设计报告编制规程》编制初步设计报告，并设置安全专篇。

（2）安全专篇内容应包括危险与有害因素的分析、劳动安全的防范措施、工业卫生措施等，内容要结合工程实际，满足工程需要，具有指导性、可操作性。

● 违规行为标准条文

12. 对采用新结构、新材料、新工艺和特殊结构的工程，未在设计报告中提出保障施工作业人员安全和预防生产安全事故的措施建议，或相关措施建议与工程建设实际结合不紧密，针对性不强。（一般）

◆ 法律、法规、规范性文件和技术标准要求

《建设工程安全生产管理条例》（国务院令第 393 号）
第十三条 设计单位应当按照法律、法规和工程建设强制性标准进行设计，防止因设计不合理导致生产安全事故的发生。
设计单位应当考虑施工安全操作和防护的需要，对涉及施工安全的重点部位和环节在设计文件中注明，并对防范生产安全事故提出指导意见。
采用新结构、新材料、新工艺的建设工程和特殊结构的建设工程，设计单位应当在设计中提出保障施工作业人员安全和预防生产安全事故的措施建议。
设计单位和注册建筑师等注册执业人员应当对其设计负责。
第五十六条 违反本条例的规定，勘察单位、设计单位有下列行为之一的，责令限期改正，处 10 万元以上 30 万元以下的罚款；情节严重的，责令停业整顿，降低资质等级，直至吊销资质证书；造成重大安全事故，构成犯罪的，对直接责任人员，依照刑法有关规定追究刑事责任；造成损失的，依法承担赔偿责任：
（一）未按照法律、法规和工程建设强制性标准进行勘察、设计的；
（二）采用新结构、新材料、新工艺的建设工程和特殊结构的建设工程，设计单位未

在设计中提出保障施工作业人员安全和预防生产安全事故的措施建议的。

《水利工程建设安全生产管理规定》（水利部令第 50 号，2019 年修正）

第十三条　设计单位应当按照法律、法规和工程建设强制性标准进行设计，并考虑项目周边环境对施工安全的影响，防止因设计不合理导致生产安全事故的发生。

设计单位应当考虑施工安全操作和防护的需要，对涉及施工安全的重点部位和环节在设计文件中注明，并对防范生产安全事故提出指导意见。

采用新结构、新材料、新工艺以及特殊结构的水利工程，设计单位应当在设计中提出保障施工作业人员安全和预防生产安全事故的措施建议。

设计单位和有关设计人员应当对其设计成果负责。

设计单位应当参与与设计有关的生产安全事故分析，并承担相应的责任。

★　应开展的基础工作

（1）采用新结构、新材料、新工艺以及特殊结构的水利工程，设计单位应在设计中提出保障施工作业人员安全和预防生产安全事故的措施建议。

（2）措施建议应与工程建设实际结合紧密，针对性强，能真正起到指导和帮助的作用。

●　违规行为标准条文

13. 设计单位未考虑施工安全操作和防护需要，对施工安全重点部位、环节和影响安全的周边环境未在施工图设计中注明；未提出预防生产安全事故的指导意见。（一般）

◆　法律、法规、规范性文件和技术标准要求

《建设工程安全生产管理条例》（国务院令第 393 号）

第十三条　设计单位应当按照法律、法规和工程建设强制性标准进行设计，防止因设计不合理导致生产安全事故的发生。

设计单位应当考虑施工安全操作和防护的需要，对涉及施工安全的重点部位和环节在设计文件中注明，并对防范生产安全事故提出指导意见。

采用新结构、新材料、新工艺的建设工程和特殊结构的建设工程，设计单位应当在设计中提出保障施工作业人员安全和预防生产安全事故的措施建议。

设计单位和注册建筑师等注册执业人员应当对其设计负责。

《水利水电工程施工安全管理导则》（SL 721—2015）

4.4.2　设计单位应在设计报告中设置安全专篇，并对其并对其设计负责，其应履行下列安全生产管理职责：

2　对涉及施工安全的重点部位和环节应在设计文件中注明，并对防范生产安全事故提出指导意见。

★ 应开展的基础工作

（1）设计单位对涉及施工安全的重点部位、环节和影响安全的周边环境，应在施工图设计文件中注明，提醒做好施工安全操作和安全防护措施。

（2）设计文件中还应对防范生产安全事故提出指导意见。

● 违规行为标准条文

14. 在编制概算时，未按规定确定安全施工措施费用。（一般）

◆ 法律、法规、规范性文件和技术标准要求

《水利水电工程施工安全管理导则》（SL 721—2015）

6.1.2 设计单位在编制工程概算时，应按有关规定计列建设工程安全作业环境及安全施工措施所需费用。

《水利部办公厅关于调整水利工程计价依据安全生产措施费计算标准的通知》（水利部办水总函〔2023〕38号）

根据《财政部、应急部关于印发〈企业安全生产费用提取和使用管理办法〉的通知》（财资〔2022〕136号），现将《水利工程设计概（估）算编制规定》（水总〔2014〕429号）中的安全生产措施费计算标准由现行费率统一调整为2.5%，自印发之日起施行。

★ 应开展的基础工作

（1）设计单位在编制概算时，应按规定确定安全施工措施费用。

（2）安全生产措施费计算标准为建安费的2.5%。

● 违规行为标准条文

15. 设计中使用国家明确淘汰的设备和工艺。（一般）

◆ 法律、法规、规范性文件和技术标准要求

《中华人民共和国安全生产法》（主席令第八十八号，2021年修正）

第三十八条 国家对严重危及生产安全的工艺、设备实行淘汰制度，具体目录由国务院应急管理部门会同国务院有关部门制定并公布。法律、行政法规对目录的制定另有规定的，适用其规定。

省、自治区、直辖市人民政府可以根据本地区实际情况制定并公布具体目录，对前款规定以外的危及生产安全的工艺、设备予以淘汰。

生产经营单位不得使用应当淘汰的危及生产安全的工艺、设备。

第九十九条　生产经营单位有下列行为之一的，责令限期改正，处五万元以下的罚款；逾期未改正的，处五万元以上二十万元以下的罚款，对其直接负责的主管人员和其他直接责任人员处一万元以上二万元以下的罚款；情节严重的，责令停产停业整顿；构成犯罪的，依照刑法有关规定追究刑事责任：

（一）未在有较大危险因素的生产经营场所和有关设施、设备上设置明显的安全警示标志的；

（二）安全设备的安装、使用、检测、改造和报废不符合国家标准或者行业标准的；

（三）未对安全设备进行经常性维护、保养和定期检测的；

（四）关闭、破坏直接关系生产安全的监控、报警、防护、救生设备、设施，或者篡改、隐瞒、销毁其相关数据、信息的；

（五）未为从业人员提供符合国家标准或者行业标准的劳动防护用品的；

（六）危险物品的容器、运输工具，以及涉及人身安全、危险性较大的海洋石油开采特种设备和矿山井下特种设备未经具有专业资质的机构检测、检验合格，取得安全使用证或者安全标志，投入使用的；

（七）使用应当淘汰的危及生产安全的工艺、设备的；

（八）餐饮等行业的生产经营单位使用燃气未安装可燃气体报警装置的。

《建设工程安全生产管理条例》（国务院令第393号）

第四十五条　国家对严重危及施工安全的工艺、设备、材料实行淘汰制度。具体目录由国务院建设行政主管部门会同国务院其他有关部门制定并公布。

《中华人民共和国节约能源法》（主席令第十六号，2018年修正）

第十六条　国家对落后的耗能过高的用能产品、设备和生产工艺实行淘汰制度。淘汰的用能产品、设备、生产工艺的目录和实施办法，由国务院管理节能工作的部门会同国务院有关部门制定并公布。

生产过程中耗能高的产品的生产单位，应当执行单位产品能耗限额标准。对超过单位产品能耗限额标准用能的生产单位，由管理节能工作的部门按照国务院规定的权限责令限期治理。

对高耗能的特种设备，按照国务院的规定实行节能审查和监管。

第十七条　禁止生产、进口、销售国家明令淘汰或者不符合强制性能源效率标准的用能产品、设备；禁止使用国家明令淘汰的用能设备、生产工艺。

《产业结构调整指导目录（2024年本）》（国家发展改革委令第7号，2023年）

第三类　淘汰类

淘汰类主要是不符合有关法律法规，严重浪费资源、污染环境，安全生产隐患严重，阻碍实现碳达峰碳中和目标，需要淘汰的落后工艺技术、装备及产品。对市场能够有效调节、在实际生产生活中已经淘汰的生产能力、工艺技术、装备、产品，在没有安全环保等隐患和

"死灰复燃"风险、已经有明确监管措施的前提下，不再列入淘汰类。对能效未达到最新版《工业重点领域能效标杆水平和基准水平》中基准水平、且未在规定期限内完成改造的项目，以及对所生产产品设备能效未达到最新版《重点用能产品设备能效先进水平、节能水平和准入水平》中准入水平或未达到强制性能效标准最低要求的项目，参照淘汰类管理。

淘汰类条目后括号内年份为淘汰期限，如淘汰期限为2025年12月31日是指应于2025年12月31日前淘汰，其余类推；有淘汰计划的条目，根据计划进行淘汰；未标淘汰期限或淘汰计划的条目为国家产业政策已明令淘汰或立即淘汰。

对淘汰类项目，禁止投资。各金融机构应停止各种形式的授信支持，并采取措施收回已发放的贷款；各地区、各部门和有关企业要采取有力措施，按规定限期淘汰。在淘汰期限内国家价格主管部门可提高供电价格。对国家明令淘汰的生产工艺技术、装备和产品，一律不得进口、转移、生产、销售、使用和采用。对不按期淘汰生产工艺技术、装备和产品的企业，地方各级人民政府及有关部门要依据国家有关法律法规责令其停产或予以关闭，并采取妥善措施安置企业人员、保全金融机构信贷资产安全等；其产品属实行生产许可证管理的，有关部门要依法吊销生产许可证；环境保护管理部门要吊销其排污许可证；电力供应企业要依法停止供电。对违反规定者，要依法追究直接责任人和有关领导的责任。

一、落后生产工艺装备

（八）建材

1. 干法中空窑（生产铝酸盐水泥等特种水泥除外），水泥机立窑，立波尔窑、湿法窑，直径3米（不含）以下水泥粉磨设备（生产特种水泥除外）

2. 无覆膜塑编水泥包装袋生产线，水泥包装袋缝底袋（两底需由缝线缝合）的生产和使用

3. 平拉工艺平板玻璃生产线（含格法）

4. 100万平方米/年（不含）以下的建筑陶瓷砖、20万件/年（不含）以下卫生陶瓷生产线，建筑卫生陶瓷（不包括建筑琉璃制品）土窑、倒焰窑、多孔窑、煤烧明焰隧道窑、隔焰隧道窑、匣钵装卫生陶瓷隧道窑，建筑陶瓷砖成型用的摩擦压砖机

5. 玻璃纤维陶土坩埚、陶瓷坩埚及其它非铂金坩埚拉丝生产工艺与装备

6. 1000万平方米/年（不含）以下的纸面石膏板生产线

7. 500万平方米/年（不含）以下的改性沥青类防水卷材生产线，沥青复合胎柔性防水卷材生产线，100万卷/年（不含）以下沥青纸胎油毡生产线

8. 石灰土立窑

9. 砖瓦轮窑以及立窑、无顶轮窑、马蹄窑等土窑

10. 简易移动式混凝土砌块成型机、附着式振动成型台

11. 单班1万立方米/年以下的混凝土砌块固定式成型机、单班10万平方米/年以下的混凝土路面砖（含透水砖）固定式成型机

12. 人工浇筑、非机械成型的石膏（空心）砌块生产工艺

13. 气炼一步法石英玻璃生产工艺装备

14. 生产人造金刚石用6×6兆牛顿六面顶小型压机

15. 手工切割加气混凝土生产线、非蒸压养护加气混凝土生产线

16. 非烧结、非蒸压粉煤灰砖生产线

17. 装饰石材矿山硐室爆破开采技术、吊索式大理石土拉锯、移动式小型圆盘锯

（十）机械

1. 热处理铅浴炉（用于金属丝绳及其制品的有铅液覆盖剂和负压抽风除尘环保设施的在线热处理铅浴生产线除外）

2. 热处理氯化钡盐浴炉（高温氯化钡盐浴炉暂缓淘汰）

3. TQ60、TQ80 塔式起重机

4. QT16、QT20、QT25 井架简易塔式起重机

5. KJ1600/1220 单筒提升绞机

6. 3000 千伏安以下普通棕刚玉冶炼炉

7. 4000 千伏安以下固定式棕刚玉冶炼炉

8. 10000 千伏安以下碳化硅冶炼炉

9. 强制驱动式简易电梯

10. 以氯氟烃（CFCs）作为膨胀剂的烟丝膨胀设备生产线

11. 砂型铸造黏土烘干砂型及型芯

12. 焦炭炉熔化有色金属

13. 砂型铸造油砂制芯

14. 重质砖炉衬台车炉

15. 中频发电机感应加热电源

16. 燃煤火焰反射加热炉

17. 仅用于去除金属零部件表面氧化皮的酸洗工艺、酸洗项目（为产品制造配套项目除外）

18. 位式交流接触器温度控制柜

19. 插入电极式盐浴炉

20. 动圈式和抽头式硅整流弧焊机

21. 磁放大器式弧焊机

22. 无法安装安全保护装置的冲床

23. 无磁轭（≥0.25 吨）铝壳中频感应电炉

24. 无芯工频感应电炉

25. 钻采工具接头螺纹磷化处理工艺

26. 5 吨/小时及以下冲天炉（大气污染防治重点区域立即淘汰，其他区域 2025 年 12 月 31 日）

二、落后产品

（一）石化化工

1. 改性淀粉、改性纤维、多彩内墙（树脂以硝化纤维素为主，溶剂以二甲苯为主的 O/W 型涂料）、氯乙烯-偏氯乙烯共聚乳液外墙、焦油型聚氨酯防水、水性聚氯乙烯焦油防水、聚乙烯醇及其缩醛类内外墙（106、107 涂料等）、聚醋酸乙烯乳液类（含乙烯/醋酸乙烯酯共聚物乳液）外墙涂料

2. 有害物质含量超标准的内墙、溶剂型木器、玩具、汽车、外墙涂料,含双对氯苯基三氯乙烷、三丁基锡、全氟辛酸及其盐类、全氟辛烷磺酸、红丹等有害物质的涂料

3. 在还原条件下会裂解产生24种有害芳香胺的偶氮染料(非纺织品用的领域暂缓)、九种致癌性染料(用于与人体不直接接触的领域暂缓)

4. 含苯类、苯酚、苯甲醛和二(三)氯甲烷的脱漆剂,立德粉,聚氯乙烯建筑防水接缝材料(焦油型),107胶(聚乙烯醇缩甲醛胶黏剂),瘦肉精,多氯联苯(变压器油)

5. 高毒农药产品:六六六、二溴乙烷、丁酰肼、敌枯双、除草醚、杀虫脒、毒鼠强、氟乙酰胺、氟乙酸钠、二溴氯丙烷、治螟磷(苏化203)、磷胺、甘氟、毒鼠硅、甲胺磷、对硫磷、甲基对硫磷、久效磷、硫环磷(乙基硫环磷)、福美肿、福美甲肿及所有砷制剂、汞制剂、铅制剂、草甘膦含量在30%以下的水剂,甲基硫环磷、磷化钙、磷化锌、苯线磷、地虫硫磷、磷化镁、硫线磷、蝇毒磷、治螟磷、特丁硫磷、甲拌磷、2,4-滴丁酯、甲基异柳磷、水胺硫磷、灭线磷、壬基酚(农药助剂)、三氯杀螨醇、氯磺隆、胺苯磺隆

6. 根据国家履行国际公约总体计划要求进行淘汰的产品:氯丹、七氯、溴甲烷、滴滴涕、六氯苯、灭蚁灵、林丹、毒杀芬、艾氏剂、狄氏剂、异狄氏剂、硫丹、氟虫胺、十氯酮、α-六氯环己烷、β-六氯环己烷、六氯丁二烯、多氯联苯、五氯苯、六溴联苯、四溴二苯醚和五溴二苯醚、六溴二苯醚和七溴二苯醚、六溴环十二烷、全氟辛基磺酸及其盐类和全氟辛基磺酰氟、全氟己基磺酸(PFHxS)及其盐类和相关化合物、全氟辛酸(PFOA)及其盐类和相关化合物、十溴二苯醚、短链氯化石蜡、五氯苯酚及其盐类和酯类、多氯萘(豁免用途为限制类)

7. 软边结构自行车胎,以棉帘线为骨架材料的普通输送带和以尼龙帘线为骨架材料的普通V带,轮胎、自行车胎、摩托车胎手工刻花硫化模具

(三)钢铁

1. 热轧硅钢片

2. 普通松弛级别的钢丝、钢绞线

3. 热轧钢筋:牌号HRB335、HPB235

4. 使用工频或中频感应炉熔化废钢生产的钢坯(锭),及以其为原料生产的钢材产品(根据国家法律法规和国家取缔"地条钢"有关要求淘汰)

5. 土烧结矿,热烧结矿

(五)建材

1. 使用非耐碱玻纤或非低碱水泥生产的玻纤增强水泥(GRC)空心条板

2. 陶土坩埚、陶瓷坩埚及其它非铂金材质坩埚拉丝玻璃纤维和制品及其增强塑料(玻璃钢)制品

3. 25A空腹钢窗

4. S-2型混凝土轨枕

5. 一次冲洗最大用水量8升以上的坐便器

6. 角闪石石棉(即蓝石棉)

7. 非机械生产的中空玻璃、双层双框各类门窗及单腔结构型的塑料门窗

8. 采用二次加热复合成型工艺生产的聚乙烯丙纶类复合防水卷材、聚乙烯丙纶复合

防水卷材（聚乙烯芯材厚度在 0.5mm 以下）、棉涤玻纤（高碱）网格复合胎基材料、聚氯乙烯防水卷材（S型）

9. 含石棉的摩擦材料

（七）机械

1. T100、T100A 推土机

2. ZP-Ⅱ、ZP-Ⅲ 干式喷浆机

3. WP-3 挖掘机

4. 0.35 立方米以下的气动抓岩机

5. 矿用钢丝绳冲击式钻机

6. 直径 1.98 米水煤气发生炉

7. CER 膜盒系列

8. 热电偶（分度号 LL-2、LB-3、EU-2、EA-2、CK）

9. 热电阻（分度号 BA、BA2、G）

10. DDZ-Ⅰ型电动单元组合仪表

11. GGP-01A 型皮带秤

12. BLR-31 型称重传感器

13. WFT-081 辐射感温器

14. WDH-1E、WDH-2E 光电温度计，PY5 型数字温度计

15. BC 系列单波纹管差压计，LCH-511、YCH-211、LCH-311、YCH-311、LCH-211、YCH-511 型环称式差压计

16. EWC-01A 型长图电子电位差计

17. XQWA 型条形自动平衡指示仪

18. ZL3 型 X-Y 记录仪

19. DBU-521，DBU-521C 型液位变送器

20. YB 系列（机座号 63～355mm，额定电压 660V 及以下）、YBF 系列（机座号 63～160mm，额定电压 380、660V 或 380/660V）、YBK 系列（机座号 100～355mm，额定电压 380/660V、660/1140V）隔爆型三相异步电动机

21. DZ10 系列塑壳断路器、DW10 系列框架断路器

22. CJ8 系列交流接触器

23. QC10、QC12、QC8 系列起动器

24. JR0、JR9、JR14、JR15、JR16-A、B、C、D 系列热继电器

25. 以焦炭为燃料的有色金属熔炼炉

26. GGW 系列中频无心感应熔炼炉

27. B 型、BA 型单级单吸悬臂式离心泵系列

28. F 型单级单吸耐腐蚀泵系列

29. JD 型长轴深井泵

30. KDON-3200/3200 型蓄冷器全低压流程空分设备、KDON-1500/1500 型蓄冷器（管式）全低压流程空分设备、KDON-1500/1500 型管板式全低压流程空分设备、

KDON－6000/6600型蓄冷器流程空分设备

31. 3W－0.9/7（环状阀）空气压缩机

32. C620、CA630普通车床

33. C616、C618、C630、C640、C650普通车床

34. X920键槽铣床

35. B665、B665A、B665－1牛头刨床

36. D6165、D6185电火花成型机床

37. D5540电脉冲机床

38. J53－400、J53－630、J53－1000双盘摩擦压力机

39. Q11－1.6×1600剪板机

40. Q51汽车起重机

41. 3吨直流架线式井下矿用电机车

42. A571单梁起重机

43. 快速断路器：DS3－10、DS3－30、DS3－50（1000、3000、5000A）、DS10－10、DS10－20、DS10－30（1000、2000、3000A）

44. SX系列箱式电阻炉

45. 单相电度表：DD1、DD5、DD5－2、DD5－6、DD9、DD10、DD12、DD14、DD15、DD17、DD20、DD28

46. SL7－30/10～SL7－1600/10、S7－30/10～S7－1600/10配电变压器

47. 刀开关：HD6、HD3－100、HD3－200、HD3－400、HD3－600、HD3－1000、HD3－1500

48. GC型低压锅炉给水泵，DG270－140、DG500－140、DG375－185锅炉给水泵

49. 热动力式疏水阀：S15H－16、S19－16、S19－16C、S49H－16、S49－16C、S19H－40、S49H－40、S19H－64、S49H－64

50. 固定炉排燃煤锅炉

51. L－10/8、L－10/7型动力用往复式空气压缩机

52. 8－18系列、9－27系列高压离心通风机

53. X52、X62W320×150升降台铣床

54. J31－250机械压力机

55. TD60、TD62、TD72型固定带式输送机

56. E135二冲程中速柴油机（包括2、4、6缸三种机型），4146柴油机

57. TY1100型单缸立式水冷直喷式柴油机

58. 165单缸卧式蒸发水冷、预燃室柴油机

59. 含汞开关和继电器

60. 燃油助力车

61. 低于国二排放的车用发动机

62. 机动车制动用含石棉材料的摩擦片

63. 非定型竖井罐笼，Φ1.2米以下（不含Φ1.2米）用于升降人员的提升绞车，KJ

型矿井提升机，JKA 型矿井提升机，XKT 型矿井提升机，JTK 型矿用提升绞车，带式制动矿用提升绞车，TKD 型提升机电控装置及使用继电器结构原理的提升机电控装置，专门用于运输人员、油料的无轨胶轮车使用的干式制动器，无稳压装置的中深孔凿岩设备

64. 每小时 10 蒸吨及以下燃煤锅炉

65. 国三及以下排放标准营运柴油货车，采用稀薄燃烧技术和"油改气"的老旧燃气车辆

66. 每小时 2 蒸吨及以下生物质锅炉

67. 燃煤热风炉

68. 大气污染防治重点区域全面淘汰炉膛直径 3 米以下的燃料类煤气发生炉及间歇式固定床煤气发生炉（合成氨生产除外）

69. 无机盐制造中内燃式电石炉及单台炉容量小于 20000 千伏安以下的密闭电石炉

70. 每小时 35 蒸吨及以下的燃煤锅炉（大气污染防治重点区域）

71. 直径 3.2 米以下水泥磨机（含矿粉磨机）

（九）轻工

1. 汞电池（氧化汞原电池及电池组、锌汞电池）

2. 含汞糊式锌锰电池、含汞纸板锌锰电池、含汞圆柱形碱锰电池、含汞扣式碱锰电池、含汞扣式锌氧化银电池和锌空气电池

3. 含汞浆层纸、含汞锌粉

4. 开口式普通铅蓄电池、干式荷电铅蓄电池

5. 含镉高于 0.002% 的铅蓄电池

6. 含砷高于 0.1% 的铅蓄电池

7. 民用镉镍电池

8. 直排式燃气热水器

9. 螺旋升降式（铸铁）水嘴

10. 用于凹版印刷的苯胺油墨

11. 进水口低于溢流口水面、上导向直落式便器水箱配件

12. 铸铁截止阀

13. 半自动（卧式）工业用洗衣机

14. 开启式四氯乙烯干洗机和普通封闭式四氯乙烯干洗机，分体式石油干洗机和普通封闭式石油干洗机

15. 烷基酚聚氧乙烯醚（包括壬基酚聚氧乙烯醚、辛基酚聚氧乙烯醚和十二烷基酚聚氧乙烯醚等）的生产和使用

16. 一次性发泡塑料餐具、一次性塑料棉签；含塑料微珠的日化用品；厚度低于 0.025 毫米的超薄型塑料袋；厚度低于 0.01 毫米的聚乙烯农用地膜

17. 用于电子显示的冷阴极荧光灯和外置电极荧光灯：（1）长度较短（≤500 毫米）且单支含汞量超过 3.5 毫克；（2）中等长度（>500 毫米且≤1500 毫米）且单支含汞量超过 5 毫克；（3）长度较长（>1500 毫米）且单支含汞量超过 13 毫克；（4）上述列明的产品以外的各种长度的用于电子显示的冷阴极荧光灯和外置电极荧光灯

18. 化妆品（含汞量超过百万分之一），包括亮肤肥皂和乳霜，不包括以汞为防腐剂且无有效安全替代防腐剂的眼部化妆品

19. 生产含汞的气压计、湿度计、压力表、温度计（体温计除外）等非电子测量仪器（无法获得适当无汞替代品、安装在大型设备中或用于高精度测量的非电子测量设备除外）

20. 含汞体温计和含汞血压计（2025年12月31日）

21. 含汞电池，不包括含汞量低于2‰的扣式锌氧化银电池以及含汞量低于2‰的扣式锌空气电池

22. 用于普通照明用途的不超过30瓦且单支含汞量超过5毫克的紧凑型荧光灯

23. 用于普通照明用途的直管型荧光灯：（1）低于60瓦且单支含汞量超过5毫克的直管型荧光灯（使用三基色荧光粉）；（2）低于40瓦（含40瓦）且单支含汞量超过10毫克的直管型荧光灯（使用卤磷酸盐荧光粉）

24. 用于普通照明用途的高压汞灯

25. 以一氟二氯乙烷（HCFC-141b）为发泡剂生产冰箱冷柜产品、冷藏集装箱产品、电热水器产品

26. 含二甲苯麝香的日用香精

（十）消防

1. 二氟一氯一溴甲烷灭火剂（简称1211灭火剂）、灭火系统及设备

2. 三氟一溴甲烷灭火剂（简称1301灭火剂）、灭火系统及设备（原料及必要用途除外）

3. PVC衬里消防水带

（十一）民爆产品

1. 导火索

2. 铵梯炸药

3. 纸壳雷管

4. 含起爆药等敏感药剂成分的烟火药及烟花爆竹产品

（十三）其他

1. 59、69、72、TF-3型防毒面具

2. ZH15隔绝式化学氧自救器，一氧化碳过滤式自救器

3. 国家法律法规明令淘汰，不符合生态环境准入清单要求，不符合国家安全、环保、能耗、水耗、质量方面强制性标准，不符合国际环境公约等要求的落后产品

★ 应开展的基础工作

（1）设计人员应知晓国家明确淘汰的设备和工艺，及时掌握国家相关的政策法规等文件，确保设计文件中不出现国家明令淘汰、禁止的工艺、设备或材料。

（2）设计人员应在编制设计文件过程中对计划工程涉及的施工工艺、材料、机械设备等进行检查核定，确保编制设计文件中不出现国家明令淘汰、禁止的工艺、设备或材料。

第十一章 勘察设计服务

● **违规行为标准条文**

16. 勘察、设计单位在建设工程施工前未向施工单位和监理单位说明建设工程勘察、设计意图，解释建设工程勘察、设计文件。（一般）

◆ **法律、法规、规范性文件和技术标准要求**

《建设工程质量管理条例》（国务院令第714号，2019年修订）
第二十三条　设计单位应当就审查合格的施工图设计文件向施工单位作出详细说明。

《建设工程勘察设计管理条例》（国务院令第687号，2017年修订）
第三十条　建设工程勘察、设计单位应当在建设工程施工前，向施工单位和监理单位说明建设工程勘察、设计意图，解释建设工程勘察、设计文件。
建设工程勘察、设计单位应当及时解决施工中出现的勘察、设计问题。

《水利工程质量管理规定》（水利部令第52号，2023年）
第二十七条　勘察、设计单位应当在工程施工前，向施工、监理等有关参建单位进行交底，对施工图设计文件作出详细说明，并对涉及工程结构安全的关键部位进行明确。

★ **应开展的基础工作**

（1）勘察单位应在工程施工前，向施工单位和监理单位进行交底，说明建设工程勘察意图，解释建设工程勘察文件。

（2）设计单位应在工程施工前，向施工、监理等有关参建单位进行交底，对施工图设计文件作出详细说明，并对涉及工程主体结构安全和关键部位的施工安全进行明确。

● **违规行为标准条文**

17. 勘察、设计单位未解决施工中出现的与安全生产相关的勘察、设计问题。（一般）

◆ 法律、法规、规范性文件和技术标准要求

《建设工程勘察设计管理条例》（国务院令第 687 号，2017 年修订）

第三十条　建设工程勘察、设计单位应当在建设工程施工前，向施工单位和监理单位说明建设工程勘察、设计意图，解释建设工程勘察、设计文件。

建设工程勘察、设计单位应当及时解决施工中出现的勘察、设计问题。

《水利工程质量管理规定》（水利部令第 52 号，2023 年）

第二十八条　勘察、设计单位应当及时解决施工中出现的勘察、设计问题。

设计单位应当根据工程建设需要和合同约定，在施工现场设立设计代表机构或者派驻具备相应技术能力的人员担任设计代表，及时提供设计文件，按照规定做好设计变更。

设计单位发现违反设计文件施工的情况，应当及时通知项目法人和监理单位。

★ 应开展的基础工作

（1）勘察、设计单位应及时解决施工中出现的勘察、设计问题，并跟踪落实所提出的安全对策及措施。

（2）设计单位应对存在的设计问题及时按照规定做好设计变更，并跟踪落实所提出的安全对策及措施。

● 违规行为标准条文

18. 当遇到重大不良地质现象时，未对其产生的原因、地质和可能的危害作出分析判断，或未按规定进行超前地质预报。（严重）

◆ 法律、法规、规范性文件和技术标准要求

《水工隧洞设计规范》（SL 279—2016）

3.0.4　对 1 级、2 级水工隧洞和洞线区有不良地质问题的水工隧洞，应根据各设计阶段的不同要求，在现场选择有代表性的地段进行有关的试验、测试工作。设计人员应根据设计需要及相关标准会同地质人员共同提出试验、测试要求。

3.0.6　深埋长隧洞开挖过程中，应加强地质预报（预测）或超前勘探，并应根据地质预报（预测）或超前勘探情况适时调整或修改设计参数。

3.0.7　水工隧洞开挖后，设计人员应及时掌握隧洞各部位地质条件的变化情况，及时复核、补充或修改设计。对可能危及施工和运行安全的不良地质问题应进行专门研究。

★ 应开展的基础工作

（1）当遇到重大不良地质现象时，应对其产生的原因、地质和可能的危害做出分析

判断。

（2）深埋长隧洞开挖过程中，应加强地质预报（预测）或超前勘探，并应根据地质预报（预测）或超前勘探情况适时调整或修改设计参数。

● 违规行为标准条文

19. 未按规定参与与设计有关的生产安全事故（事件）分析，或未制定相关的整改措施。（一般）

◆ 法律、法规、规范性文件和技术标准要求

《水利工程建设安全生产管理规定》（水利部令第 50 号，2019 年修正）

第十三条　设计单位应当按照法律、法规和工程建设强制性标准进行设计，并考虑项目周边环境对施工安全的影响，防止因设计不合理导致生产安全事故的发生。

设计单位应当考虑施工安全操作和防护的需要，对涉及施工安全的重点部位和环节在设计文件中注明，并对防范生产安全事故提出指导意见。

采用新结构、新材料、新工艺以及特殊结构的水利工程，设计单位应当在设计中提出保障施工作业人员安全和预防生产安全事故的措施建议。

设计单位和有关设计人员应当对其设计成果负责。

设计单位应当参与与设计有关的生产安全事故分析，并承担相应的责任。

★ 应开展的基础工作

（1）设计单位应参与与设计有关的生产安全事故分析，对存在设计问题的事故要承担相应的责任。

（2）根据事故原因，制定和设计相关的整改措施。

第十二章

其 他

● **违规行为标准条文**

20. 未对从业人员进行安全生产教育和培训。（严重）

◆ **法律、法规、规范性文件和技术标准要求**

《中华人民共和国安全生产法》（主席令第八十八号，2021年修正）

第二十八条 生产经营单位应当对从业人员进行安全生产教育和培训，保证从业人员具备必要的安全生产知识，熟悉有关的安全生产规章制度和安全操作规程，掌握本岗位的安全操作技能，了解事故应急处理措施，知悉自身在安全生产方面的权利和义务。未经安全生产教育和培训合格的从业人员，不得上岗作业。

生产经营单位使用被派遣劳动者的，应当将被派遣劳动者纳入本单位从业人员统一管理，对被派遣劳动者进行岗位安全操作规程和安全操作技能的教育和培训。劳务派遣单位应当对被派遣劳动者进行必要的安全生产教育和培训。

生产经营单位接收中等职业学校、高等学校学生实习的，应当对实习学生进行相应的安全生产教育和培训，提供必要的劳动防护用品。学校应当协助生产经营单位对实习学生进行安全生产教育和培训。

生产经营单位应当建立安全生产教育和培训档案，如实记录安全生产教育和培训的时间、内容、参加人员以及考核结果等情况。

《生产经营单位安全培训规定》（安监总局令第80号，2015年修正）

第三条 生产经营单位负责本单位从业人员安全培训工作。

生产经营单位应当按照安全生产法和有关法律、行政法规和本规定，建立健全安全培训工作制度。

第四条 生产经营单位应当进行安全培训的从业人员包括主要负责人、安全生产管理人员、特种作业人员和其他从业人员。

生产经营单位使用被派遣劳动者的，应当将被派遣劳动者纳入本单位从业人员统一管理，对被派遣劳动者进行岗位安全操作规程和安全操作技能的教育和培训。劳务派遣单位应当对被派遣劳动者进行必要的安全生产教育和培训。

生产经营单位接收中等职业学校、高等学校学生实习的，应当对实习学生进行相应的安全生产教育和培训，提供必要的劳动防护用品。学校应当协助生产经营单位对实习学生进行安全生产教育和培训。

生产经营单位从业人员应当接受安全培训,熟悉有关安全生产规章制度和安全操作规程,具备必要的安全生产知识,掌握本岗位的安全操作技能,了解事故应急处理措施,知悉自身在安全生产方面的权利和义务。

未经安全培训合格的从业人员,不得上岗作业。

第六条　生产经营单位主要负责人和安全生产管理人员应当接受安全培训,具备与所从事的生产经营活动相适应的安全生产知识和管理能力。

第七条　生产经营单位主要负责人安全培训应当包括下列内容:

(一) 国家安全生产方针、政策和有关安全生产的法律、法规、规章及标准;

(二) 安全生产管理基本知识、安全生产技术、安全生产专业知识;

(三) 重大危险源管理、重大事故防范、应急管理和救援组织以及事故调查处理的有关规定;

(四) 职业危害及其预防措施;

(五) 国内外先进的安全生产管理经验;

(六) 典型事故和应急救援案例分析;

(七) 其他需要培训的内容。

第八条　生产经营单位安全生产管理人员安全培训应当包括下列内容:

(一) 国家安全生产方针、政策和有关安全生产的法律、法规、规章及标准;

(二) 安全生产管理、安全生产技术、职业卫生等知识;

(三) 伤亡事故统计、报告及职业危害的调查处理方法;

(四) 应急管理、应急预案编制以及应急处置的内容和要求;

(五) 国内外先进的安全生产管理经验;

(六) 典型事故和应急救援案例分析;

(七) 其他需要培训的内容。

第九条　生产经营单位主要负责人和安全生产管理人员初次安全培训时间不得少于32学时。每年再培训时间不得少于12学时。

煤矿、非煤矿山、危险化学品、烟花爆竹、金属冶炼等生产经营单位主要负责人和安全生产管理人员初次安全培训时间不得少于48学时,每年再培训时间不得少于16学时。

第十三条　生产经营单位新上岗的从业人员,岗前安全培训时间不得少于24学时。

煤矿、非煤矿山、危险化学品、烟花爆竹、金属冶炼等生产经营单位新上岗的从业人员安全培训时间不得少于72学时,每年再培训的时间不得少于20学时。

第十九条　生产经营单位从业人员的安全培训工作,由生产经营单位组织实施。

生产经营单位应当坚持以考促学、以讲促学,确保全体从业人员熟练掌握岗位安全生产知识和技能;煤矿、非煤矿山、危险化学品、烟花爆竹、金属冶炼等生产经营单位还应当完善和落实师傅带徒弟制度。

第二十一条　生产经营单位应当将安全培训工作纳入本单位年度工作计划。保证本单位安全培训工作所需资金。

生产经营单位的主要负责人负责组织制定并实施本单位安全培训计划。

第二十二条 生产经营单位应当建立健全从业人员安全生产教育和培训档案，由生产经营单位的安全生产管理机构以及安全生产管理人员详细、准确记录培训的时间、内容、参加人员以及考核结果等情况。

第二十三条 生产经营单位安排从业人员进行安全培训期间，应当支付工资和必要的费用。

《安全生产培训管理办法》（安监总局令第 80 号，2015 年修正）

第十条 生产经营单位应当建立安全培训管理制度，保障从业人员安全培训所需经费，对从业人员进行与其所从事岗位相应的安全教育培训；从业人员调整工作岗位或者采用新工艺、新技术、新设备、新材料的，应当对其进行专门的安全教育和培训。未经安全教育和培训合格的从业人员，不得上岗作业。

生产经营单位使用被派遣劳动者的，应当将被派遣劳动者纳入本单位从业人员统一管理，对被派遣劳动者进行岗位安全操作规程和安全操作技能的教育和培训。劳务派遣单位应当对被派遣劳动者进行必要的安全生产教育和培训。

生产经营单位接收中等职业学校、高等学校学生实习的，应当对实习学生进行相应的安全生产教育和培训，提供必要的劳动防护用品。学校应当协助生产经营单位对实习学生进行安全生产教育和培训。

从业人员安全培训的时间、内容、参加人员以及考核结果等情况，生产经营单位应当如实记录并建档备查。

第十一条 生产经营单位从业人员的培训内容和培训时间，应当符合《生产经营单位安全培训规定》和有关标准的规定。

第十二条 中央企业的分公司、子公司及其所属单位和其他生产经营单位，发生造成人员死亡的生产安全事故的，其主要负责人和安全生产管理人员应当重新参加安全培训。

特种作业人员对造成人员死亡的生产安全事故负有直接责任的，应当按照《特种作业人员安全技术培训考核管理规定》重新参加安全培训。

《水利水电工程施工安全管理导则》（SL 721—2015）

8.1.1 各参建单位应建立安全培训教育制度，明确安全教育培训的对象与内容、组织与管理、检查与考核等要求。

8.1.2 各参建单位应定期对从业人员进行安全生产教育和培训，保证从业人员具备必要的安全生产知识，熟悉安全生产有关法律法规、规章制度和安全操作规程，掌握本岗位的安全操作技能。

8.1.3 各参建单位每年至少应对管理人员和作业人员进行一次安全生产教育培训，并经考试确认其能力符合岗位要求，其教育培训情况记入个人工作档案。

安全生产教育培训考核不合格的人员，不得上岗。

8.1.4 各参建单位应定期识别安全教育培训需求，完善教育培训计划，保障教育培训费用、场地、教材、教师等资源，按计划进行安全教育培训，建立安全教育培训记录、台账和档案，并对培训效果进行评估和改进。

8.2.1 各参建单位的现场主要负责人和安全生产管理人员应接受安全教育培训，具备与其所从事的生产经营活动相应的安全生产知识和管理能力。

8.2.3 各参建单位主要负责人安全教育培训应包括下列内容：

1 国家安全生产方针、政策和有关安全生产的法律、法规、规章；

2 安全生产管理基本知识、安全生产技术；

3 重大危险源管理、重大生产安全事故防范、应急管理及事故管理的有关规定；

4 职业危害及其预防措施；

5 国内外先进的安全生产管理经验；

6 典型事故和应急救援案例分析；

7 其他需要培训的内容等。

8.2.4 安全生产管理人员安全教育培训应包括下列内容：

1 国家安全生产方针、政策和有关安全生产的法律、法规、规章及标准；

2 安全生产管理、安全生产技术、职业卫生等知识；

3 伤亡事故统计、报告及职业危害防范、调查处理方法；

4 危险源管理、专项方案及应急预案编制、应急管理及事故管理知识；

5 国内外先进的安全生产管理经验；

6 典型事故和应急救援案例分析；

7 其他需要培训的内容等。

8.2.6 其他参建单位主要负责人和安全生产管理人员初次安全生产教育培训时间不得少于32学时。每年接受再教育时间不得少于12学时。

8.3.4 其他参建单位新上岗的从业人员，岗前教育培训时间不得少于24学时，以后每年接受教育培训的时间不得少于8学时。

8.4.1 各参建单位应将安全培训工作纳入本单位年度工作计划，并保证安全培训工作所需费用。

8.4.2 各参建单位应建立健全从业人员安全培训档案，详细、准确记录培训考核情况。

8.4.3 各参建单位安排从业人员进行安全培训期间，应当支付工资和必要的费用。

《水利水电勘测设计单位安全生产标准化评审规程》（T/CWEC 17—2020）

3.1.2 定期识别安全教育培训需求，编制并发布培训计划，按计划进行培训，对培训效果进行评价，并根据评价结论进行改进，建立教育培训记录、档案。

3.2.1 单位主要负责人、专（兼）职安全生产管理人员应经过安全培训并考核合格，具备与本单位所从事的生产经营活动相适应的安全生产知识与能力。

3.2.2 对其他管理人员进行教育培训，确保其具备正确履行岗位安全生产职责的知识与能力。

3.2.3 新员工上岗前应接受三级安全教育培训，培训学时和内容应满足相关规定；在新工艺、新技术、新材料、新设备设施投入使用前，应根据技术说明书、使用说明书、操作技术要求等，对有关管理、操作人员进行培训；作业人员转岗、离岗一年以上重新上岗前，均应进行部门、班组安全教育培训，经考核合格后上岗。

3.2.6 每年对在岗从业人员进行安全生产教育培训，培训学时和内容应符合有关规定。

3.2.8 对外来人员进行安全教育及危险告知，主要内容应包括：安全规定、可能接触到的危险有害因素、职业病危害防护措施、应急知识等。由专人带领做好相关监护工作。

★ 应开展的基础工作

（1）设计单位应结合实际制定教育培训制度，明确培训对象与内容、组织与管理、检查与考核等要求。

（2）设计单位应制定年度培训计划。培训计划应结合项目施工的内容和进度，合理确定培训人员和培训时间，并根据实际变化适当调整。

（3）按培训计划对全体从业人员进行安全生产和教育培训，对培训效果进行评价，并根据评价结论进行改进，建立教育培训记录、档案。

（4）从业人员的培训学时应满足以上标准规范的规定。

● 违规行为标准条文

21. 未按规定开展勘测设计业务范围内的建设项目危险源辨识与风险评价工作，或未对重大危险源和重大风险登记建档，或未及时对相关单位定期检测、评估、监控成果提出处理意见。（严重）

◆ 法律、法规、规范性文件和技术标准要求

《中华人民共和国安全生产法》（主席令第八十八号，2021年修正）

第二十五条 生产经营单位的安全生产管理机构以及安全生产管理人员履行下列职责：

（一）组织或者参与拟订本单位安全生产规章制度、操作规程和生产安全事故应急救援预案；

（二）组织或者参与本单位安全生产教育和培训，如实记录安全生产教育和培训情况；

（三）组织开展危险源辨识和评估，督促落实本单位重大危险源的安全管理措施；

（四）组织或者参与本单位应急救援演练；

（五）检查本单位的安全生产状况，及时排查生产安全事故隐患，提出改进安全生产管理的建议；

（六）制止和纠正违章指挥、强令冒险作业、违反操作规程的行为；

（七）督促落实本单位安全生产整改措施。

生产经营单位可以设置专职安全生产分管负责人，协助本单位主要负责人履行安全生产管理职责。

第四十条　生产经营单位对重大危险源应当登记建档，进行定期检测、评估、监控，并制定应急预案，告知从业人员和相关人员在紧急情况下应当采取的应急措施。

生产经营单位应当按照国家有关规定将本单位重大危险源及有关安全措施、应急措施报有关地方人民政府应急管理部门和有关部门备案。有关地方人民政府应急管理部门和有关部门应当通过相关信息系统实现信息共享。

第一百零一条　生产经营单位有下列行为之一的，责令限期改正，处十万元以下的罚款；逾期未改正的，责令停产停业整顿，并处十万元以上二十万元以下的罚款，对其直接负责的主管人员和其他直接责任人员处二万元以上五万元以下的罚款；构成犯罪的，依照刑法有关规定追究刑事责任：

（一）生产、经营、运输、储存、使用危险物品或者处置废弃危险物品，未建立专门安全管理制度、未采取可靠的安全措施的；

（二）对重大危险源未登记建档，未进行定期检测、评估、监控，未制定应急预案，或者未告知应急措施的；

（三）进行爆破、吊装、动火、临时用电以及国务院应急管理部门会同国务院有关部门规定的其他危险作业，未安排专门人员进行现场安全管理的；

（四）未建立安全风险分级管控制度或者未按照安全风险分级采取相应管控措施的；

（五）未建立事故隐患排查治理制度，或者重大事故隐患排查治理情况未按照规定报告的。

《水利水电工程施工危险源辨识与风险评价导则（试行）》（水利部办监督函〔2018〕1693号）

1.5　水利工程建设项目法人和勘测、设计、施工、监理等参建单位（以下一并简称为各单位）是危险源辨识、风险评价和管控的主体。各单位应结合本工程实际，根据工程施工现场情况和管理特点，全面开展危险源辨识与风险评价，严格落实相关管理责任和管控措施，有效防范和减少安全生产事故。

水行政主管部门和流域管理机构依据有关法律法规、技术标准和本导则对危险源辨识与风险评价工作进行指导、监督与检查。

1.9　各单位应对危险源进行登记，其中重大危险源和风险等级为重大的一般危险源应建立专项档案，明确管理的责任部门和责任人。重大危险源应按有关规定报项目主管部门和有关部门备案。

《水利部关于开展水利安全风险分级管控的指导意见》（水利部水监督〔2018〕323号）

二、着力构建水利生产经营单位安全风险管控机制

水利生产经营单位是本单位安全风险管控工作的责任主体。各级水行政主管部门要督促水利生产经营单位落实安全风险管控责任，按照有关制度和规范，针对单位特点，建立安全风险分级管控制度，制定危险源辨识和风险评价程序，明确要求和方法，全面开展危险源辨识和风险评价，强化安全风险管控措施，切实做好安全风险管控各项工作。

（一）全面开展危险源辨识。水利生产经营单位应每年全方位、全过程开展危险源辨识，做到系统、全面、无遗漏，并持续更新完善。一般地，可从施工作业类、机械设备

类、设施场所类、作业环境类、生产工艺类等几个类型进行危险源辨识，查找具有潜在能量和物质释放危险的、可造成人员伤亡、健康损害、财产损失、环境破坏，在一定的触发因素作用下可转化为事故的部位、区域、场所、空间、岗位、设备及其位置，列出危险源清单，并按重大和一般两个级别对危险源进行分级。在建工程按《水利水电工程施工危险源辨识与风险评价导则（试行）》（水利部办监督函〔2018〕1693号）进行辨识。

（二）科学评定风险等级。水利生产经营单位要根据危险源类型，采用相适应的风险评价方法，确定危险源风险等级。安全风险等级从高到低划分为重大风险、较大风险、一般风险和低风险，分别用红、橙、黄、蓝四种颜色标示。要依据危险源类型和风险等级建立风险数据库，绘制水利生产经营单位"红橙黄蓝"四色安全风险空间分布图。其中，水利水电工程施工危险源辨识评价及风险空间分布图绘制，由项目法人组织有关参建单位开展。

（三）分级实施风险管控。水利生产经营单位要按安全风险等级实行分级管理，落实各级单位、部门、车间（施工项目部）、班组（施工现场）、岗位（各工序施工作业面）的管控责任。各管控责任单位要根据危险源辨识和风险评价结果，针对安全风险的特点，通过隔离危险源、采取技术手段、实施个体防护、设置监控设施和安全警示标志等措施，达到监测、规避、降低和控制风险的目的。要强化对重大安全风险的重点管控，风险等级为重大的一般危险源和重大危险源要按照职责范围报属地水行政主管部门备案，危险物品重大危险源要按照规定同时报有关应急管理部门备案。

（四）动态进行风险管控。水利生产经营单位要高度关注危险源风险的变化情况，动态调整危险源、风险等级和管控措施，确保安全风险始终处于受控范围内。要建立专项档案，按照有关规定定期对安全防范设施和安全监测监控系统进行检测、检验，组织进行经常性维护、保养并做好记录。要针对本单位风险可能引发的事故完善应急预案体系，明确应急措施，对风险等级为重大的一般危险源和重大危险源要实现"一源一案"。要保障监测管控投入，确保所需人员、经费与设施设备满足需要。

（五）强化风险公告警示。水利生产经营单位要建立安全风险公告制度，定期组织风险教育和技能培训，确保本单位从业人员和进入风险工作区域的外来人员掌握安全风险的基本情况及防范、应急措施。要在醒目位置和重点区域分别设置安全风险公告栏，制作岗位安全风险告知卡，标明工程或单位的主要安全风险名称、等级、所在工程部位、可能引发的事故隐患类别、事故后果、管控措施、应急措施及报告方式等内容。对存在重大安全风险的工作场所和岗位，要设置明显警示标志，并强化监测和预警。要将安全防范与应急措施告知可能直接影响范围内的相关单位和人员。

《水利水电勘测设计单位安全生产标准化评审规程》（T/CWEC 17—2020）

5.1.1 危险源辨识、风险评价与分级管控制度的内容应包括危险源辨识及风险评价的职责、范围、频次、方法、准则和工作程序等，并以正式文件发布实施。

5.1.2 组织开展全面、系统的危险源辨识，确定一般危险源和重大危险源。危险源辨识应按制度采用适宜的程序和方法，覆盖本单位的所有生产工艺、人员行为、设备设施、作业场所和安全管理等方面。

应对危险源辨识及风险评价资料进行统计、分析、整理、归档。

5.1.3 对危险源进行风险评价时，应至少从影响人员、财产和环境三个方面的可能性和严重程度进行分析，并对现有控制措施的有效性加以考虑，确定风险等级。

5.1.4 实施风险分级分类差异化动态管理，及时掌握危险源及风险状态和变化趋势，适时更新危险源及风险等级，并根据危险源及风险等级制定并落实相应的安全风险控制措施（包括工程技术措施、管理措施、个体防护措施等），对安全风险进行控制。重大危险源应制定专项安全管理方案和应急预案，明确责任部门、责任人、分级管控措施和应急措施，建立应急组织，配备应急物资，登记建档并及时将重大危险源的辨识评价结果、风险防控措施及应急措施向上级主管部门报告。

5.1.5 将风险评价结果及所采取的控制措施告知相关从业人员，使其熟悉工作岗位和作业环境中存在的安全风险，掌握和落实相应控制措施。

应对重大危险源的管理人员进行专项培训，使其了解重大危险源的危险特性，熟悉重大危险源安全管理规章制度，掌握安全操作技能和应急措施。

5.2.4 单位主要负责人组织制定重大事故隐患治理方案，其内容应包括重大事故隐患描述；治理的目标和任务；采取的方法和措施；经费和物资的落实；负责治理的机构和人员；治理的时限和要求；安全措施和应急预案等。

5.2.7 重大事故隐患治理完成后，对治理情况进行验证和效果评估。一般事故隐患治理完成后，对治理情况进行复查，并在隐患整改通知单上签署明确意见。

7.1.2 设计单位应对可能引起较大安全风险的设计变更提出安全风险评价意见。

★ 应开展的基础工作

（1）勘测设计单位现场管理机构应在勘测设计业务工作执行之前，组织开展全面的业务范围内的建设项目危险源辨识，将辨识评价结果进行登记建档，定期进行更新。如业主有相关要求，应将辨识评价结果及时报送。

（2）勘测设计单位现场管理机构应将辨识出的重大危险源进行登记实施动态管控，形成重大危险源台账，并建立专项档案。

（3）勘测设计单位现场管理机构应开展勘测设计业务范围内的建设项目的危险源的风险评价，实行分级分类差异化动态管理，建立风险管控和重大风险管控档案，确定风险等级，制定管控措施，明确责任人员，动态更新。

（4）勘测设计单位现场管理机构应制定重大危险源的管控措施，实行分级管控，明确各管理层级责任人。

（5）勘测设计单位现场管理机构应制定重大危险源的事故应急预案。

（6）勘测设计单位现场管理机构应按批准的重大危险源管控措施进行管控，实施动态管理，并对现场人员、相关方进行培训告示。

（7）勘测设计单位的重大危险源应向有关部门备案，如现场管理机构的上级管理单位和业主单位、项目当地应急管理部门等。

（8）勘测设计单位应按相关规定进行施工现场设计服务，对相关单位定期检测、评估、监控成果提出处理意见，解决施工中出现的设计问题，跟踪落实所提出的安全对策及措施。

（9）勘测设计单位应对可能引起较大安全风险的设计变更提出安全风险评价意见。

● 违规行为标准条文

22. 未建立健全并落实安全风险分级管控制度和生产安全事故隐患排查治理制度。（严重）

◆ 法律、法规、规范性文件和技术标准要求

《中华人民共和国安全生产法》（主席令第八十八号，2021年修正）

第四条　生产经营单位必须遵守本法和其他有关安全生产的法律、法规，加强安全生产管理，建立健全全员安全生产责任制和安全生产规章制度，加大对安全生产资金、物资、技术、人员的投入保障力度，改善安全生产条件，加强安全生产标准化、信息化建设，构建安全风险分级管控和隐患排查治理双重预防机制，健全风险防范化解机制，提高安全生产水平，确保安全生产。

平台经济等新兴行业、领域的生产经营单位应当根据本行业、领域的特点，建立健全并落实全员安全生产责任制，加强从业人员安全生产教育和培训，履行本法和其他法律、法规规定的有关安全生产义务。

第二十一条　生产经营单位的主要负责人对本单位安全生产工作负有下列职责：

（一）建立健全并落实本单位全员安全生产责任制，加强安全生产标准化建设；

（二）组织制定并实施本单位安全生产规章制度和操作规程；

（三）组织制定并实施本单位安全生产教育和培训计划；

（四）保证本单位安全生产投入的有效实施；

（五）组织建立并落实安全风险分级管控和隐患排查治理双重预防工作机制，督促、检查本单位的安全生产工作，及时消除生产安全事故隐患；

（六）组织制定并实施本单位的生产安全事故应急救援预案；

（七）及时、如实报告生产安全事故。

第二十五条　生产经营单位的安全生产管理机构以及安全生产管理人员履行下列职责：

（一）组织或者参与拟订本单位安全生产规章制度、操作规程和生产安全事故应急救援预案；

（二）组织或者参与本单位安全生产教育和培训，如实记录安全生产教育和培训情况；

（三）组织开展危险源辨识和评估，督促落实本单位重大危险源的安全管理措施；

（四）组织或者参与本单位应急救援演练；

（五）检查本单位的安全生产状况，及时排查生产安全事故隐患，提出改进安全生产管理的建议；

（六）制止和纠正违章指挥、强令冒险作业、违反操作规程的行为；

（七）督促落实本单位安全生产整改措施。

生产经营单位可以设置专职安全生产分管负责人，协助本单位主要负责人履行安全生产管理职责。

第四十一条 生产经营单位应当建立安全风险分级管控制度，按照安全风险分级采取相应的管控措施。

生产经营单位应当建立健全并落实生产安全事故隐患排查治理制度，采取技术、管理措施，及时发现并消除事故隐患。事故隐患排查治理情况应当如实记录，并通过职工大会或者职工代表大会、信息公示栏等方式向从业人员通报。其中，重大事故隐患排查治理情况应当及时向负有安全生产监督管理职责的部门和职工大会或者职工代表大会报告。

县级以上地方各级人民政府负有安全生产监督管理职责的部门应当将重大事故隐患纳入相关信息系统，建立健全重大事故隐患治理督办制度，督促生产经营单位消除重大事故隐患。

第一百零一条 生产经营单位有下列行为之一的，责令限期改正，处十万元以下的罚款；逾期未改正的，责令停产停业整顿，并处十万元以上二十万元以下的罚款，对其直接负责的主管人员和其他直接责任人员处二万元以上五万元以下的罚款；构成犯罪的，依照刑法有关规定追究刑事责任：

（一）生产、经营、运输、储存、使用危险物品或者处置废弃危险物品，未建立专门安全管理制度、未采取可靠的安全措施的；

（二）对重大危险源未登记建档，未进行定期检测、评估、监控，未制定应急预案，或者未告知应急措施的；

（三）进行爆破、吊装、动火、临时用电以及国务院应急管理部门会同国务院有关部门规定的其他危险作业，未安排专门人员进行现场安全管理的；

（四）未建立安全风险分级管控制度或者未按照安全风险分级采取相应管控措施的；

（五）未建立事故隐患排查治理制度，或者重大事故隐患排查治理情况未按照规定报告的。

《水利安全生产监督管理办法（试行）》（水利部水监督〔2021〕412号）

第十一条 水利生产经营单位应当建立安全风险分级管控制度，落实安全风险查找、研判、预警、防范、处置、责任等环节的全链条管控机制，定期开展危险源辨识，评价确定危险源风险等级，实施安全风险预警，落实监测、控制和防范措施，采取科学有效措施进行差异化处置，明确和落实各级各岗位的管控责任，并根据实际情况动态更新，按规定报告和备案。

《水利水电工程施工危险源辨识与风险评价导则（试行）》（水利部办监督函〔2018〕1693号）

1.5 水利工程建设项目法人和勘测、设计、施工、监理等参建单位（以下一并简称为各单位）是危险源辨识、风险评价和管控的主体。各单位应结合本工程实际，根据工程施工现场情况和管理特点，全面开展危险源辨识与风险评价，严格落实相关管理责任和管控措施，有效防范和减少安全生产事故。

水行政主管部门和流域管理机构依据有关法律法规、技术标准和本导则对危险源辨识与风险评价工作进行指导、监督与检查。

1.8 施工期，各单位应对危险源实施动态管理，及时掌握危险源及风险状态和变化趋势，实时更新危险源及风险等级，并根据危险源及风险状态制定针对性防控措施。

1.9 各单位应对危险源进行登记，其中重大危险源和风险等级为重大的一般危险源应建立专项档案，明确管理的责任部门和责任人。重大危险源应按有关规定报项目主管部门和有关部门备案。

3.5 各单位应定期开展危险源辨识，当有新规程规范发布（修订），或施工条件、环境、要素或危险源致险因素发生较大变化，或发生生产安全事故时，应及时组织重新辨识。

《水利部关于开展水利安全风险分级管控的指导意见》（水利部水监督〔2018〕323号）

二、着力构建水利生产经营单位安全风险管控机制

水利生产经营单位是本单位安全风险管控工作的责任主体。

（一）全面开展危险源辨识。水利生产经营单位应每年全方位、全过程开展危险源辨识，做到系统、全面、无遗漏，并持续更新完善。一般地，可从施工作业类、机械设备类、设施场所类、作业环境类、生产工艺类等几个类型进行危险源辨识，查找具有潜在能量和物质释放危险的、可造成人员伤亡、健康损害、财产损失、环境破坏，在一定的触发因素作用下可转化为事故的部位、区域、场所、空间、岗位、设备及其位置，列出危险源清单，并按重大和一般两个级别对危险源进行分级。在建工程按《水利水电工程施工危险源辨识与风险评价导则（试行）》（水利部办监督函〔2018〕1693号）进行辨识。

（二）科学评定风险等级。水利生产经营单位要根据危险源类型，采用相适应的风险评价方法，确定危险源风险等级。安全风险等级从高到低划分为重大风险、较大风险、一般风险和低风险，分别用红、橙、黄、蓝四种颜色标示。要依据危险源类型和风险等级建立风险数据库，绘制水利生产经营单位"红橙黄蓝"四色安全风险空间分布图。其中，水利水电工程施工危险源辨识评价及风险空间分布图绘制，由项目法人组织有关参建单位开展。

（三）分级实施风险管控。水利生产经营单位要按安全风险等级实行分级管理，落实各级单位、部门、车间（施工项目部）、班组（施工现场）、岗位（各工序施工作业面）的管控责任。各管控责任单位要根据危险源辨识和风险评价结果，针对安全风险的特点，通过隔离危险源、采取技术手段、实施个体防护、设置监控设施和安全警示标志等措施，达到监测、规避、降低和控制风险的目的。要强化对重大安全风险的重点管控，风险等级为重大的一般危险源和重大危险源要按照职责范围报属地水行政主管部门备案，危险物品重大危险源要按照规定同时报有关应急管理部门备案。

（四）动态进行风险管控。水利生产经营单位要高度关注危险源风险的变化情况，动态调整危险源、风险等级和管控措施，确保安全风险始终处于受控范围内。要建立专项档案，按照有关规定定期对安全防范设施和安全监测监控系统进行检测、检验，组织进行经

常性维护、保养并做好记录。要针对本单位风险可能引发的事故完善应急预案体系，明确应急措施，对风险等级为重大的一般危险源和重大危险源要实现"一源一案"。要保障监测管控投入，确保所需人员、经费与设施设备满足需要。

（五）强化风险公告警示。水利生产经营单位要建立安全风险公告制度，定期组织风险教育和技能培训，确保本单位从业人员和进入风险工作区域的外来人员掌握安全风险的基本情况及防范、应急措施。要在醒目位置和重点区域分别设置安全风险公告栏，制作岗位安全风险告知卡，标明工程或单位的主要安全风险名称、等级、所在工程部位、可能引发的事故隐患类别、事故后果、管控措施、应急措施及报告方式等内容。对存在重大安全风险的工作场所和岗位，要设置明显警示标志，并强化监测和预警。要将安全防范与应急措施告知可能直接影响范围内的相关单位和人员。

《水利水电工程施工安全管理导则》（SL 721—2015）

11.1.1 各参建单位是事故隐患排查的责任主体。

各参建单位应建立健全事故隐患排查制度，逐级建立并落实从主要负责人到每个从业人员的事故隐患排查责任制。

11.1.2 项目法人应组织有关参建单位制订事故隐患排查制度，主要内容包括隐患排查目的、内容、方法、频次和要求等；施工单位应根据项目法人事故隐患排查制度，制订本单位的事故隐患排查制度。

各参建单位主要负责人对本单位的事故隐患排查治理工作全面负责。

任何单位和个人发现重大事故隐患，均有权向项目主管部门和安全监督机构报告。

11.1.3 各参建单位应当根据事故隐患排查制度开展事故隐患排查，排查前应制定排查方案，明确排查的目的、范围和方法。

各参建单位应采用定期综合检查、专项检查、季节性检查、节假日检查和日常检查等方式，开展隐患排查。

对排查出的事故隐患，组织单位应及时书面通知有关单位，定人、定时、定措施进行整改，并按照事故隐患的等级建立事故隐患信息台账。

11.2.1 各参建单位应建立健全事故隐患治理和建档监控等制度，逐级建立并落实隐患治理和监控责任制。

11.2.2 各参建单位对于危害和整改难度较小，发现后能够立即整改排除的一般事故隐患，应立即组织整改。

《安全生产事故隐患排查治理暂行规定》（安监总局令第16号，2008年）

第四条 生产经营单位应当建立健全事故隐患排查治理制度。

生产经营单位主要负责人对本单位事故隐患排查治理工作全面负责。

第八条 生产经营单位是事故隐患排查、治理和防控的责任主体。

生产经营单位应当建立健全事故隐患排查治理和建档监控等制度，逐级建立并落实从主要负责人到每个从业人员的隐患排查治理和监控责任制。

第十条 生产经营单位应当定期组织安全生产管理人员、工程技术人员和其他相关人员排查本单位的事故隐患。对排查出的事故隐患，应当按照事故隐患的等级进行登记，建立事故隐患信息档案，并按照职责分工实施监控治理。

《水利水电勘测设计单位安全生产标准化评审规程》（T/CWEC 17—2020）

2.2.1 及时将识别、获取的安全生产法律法规和其他要求转化为本单位规章制度，结合本单位实际，建立健全安全生产规章制度体系。

规章制度内容应包括但不限于：

1. 目标管理；
2. 全员安全生产责任制；
3. 安全生产考核奖惩管理；
4. 安全生产费用管理；
5. 安全生产信息化；
6. 法律法规标准规范管理；
7. 文件、记录和档案管理；
8. 教育培训；
9. 特种作业人员管理；
10. 设备设施管理；
11. 文明施工、环境保护管理；
12. 安全技术措施管理；
13. 安全设施"三同时"管理；
14. 交通安全管理；
15. 消防安全管理；
16. 汛期安全管理；
17. 用电安全管理；
18. 危险物品管理；
19. 劳动防护用品（具）管理；
20. 班组安全活动；
21. 相关方安全管理（包括工程分包方安全管理）；
22. 职业健康管理；
23. 安全警示标志管理；
24. 危险源辨识、风险评价与分级管控；
25. 隐患排查治理；
26. 变更管理；
27. 安全预测预警；
28. 应急管理；
29. 事故管理；
30. 绩效评定管理。

5.1.1 危险源辨识、风险评价与分级管控制度的内容应包括危险源辨识及风险评价的职责、范围、频次、方法、准则和工作程序等，并以正式文件发布实施。

★ 应开展的基础工作

（1）勘测设计单位应于勘测设计工作开展前，建立健全安全风险分级管控制度。

（2）开工前，对项目进行全面的危险源辨识和风险等级评价，将辨识评价结果登记建档，动态更新，并根据辨识出的安全风险采取相应的管控措施。

（3）勘测设计单位应建立健全并落实生产安全事故隐患排查治理制度，应结合项目开展情况，合理制定安全生产隐患排查计划，适时开展各类安全检查，排查事故隐患。

（4）勘测设计单位的各项安全检查应注意留存检查和整改记录。

（5）勘测设计单位应积极配备各级的安全检查，对发现的重大事故隐患提出整改建议。

● 违规行为标准条文

23. 未按规定为从业人员办理工伤保险。（一般）

◆ 法律、法规、规范性文件和技术标准要求

《中华人民共和国安全生产法》（主席令第八十八号，2021年修正）

第五十一条　生产经营单位必须依法参加工伤保险，为从业人员缴纳保险费。

国家鼓励生产经营单位投保安全生产责任保险；属于国家规定的高危行业、领域的生产经营单位，应当投保安全生产责任保险。具体范围和实施办法由国务院应急管理部门会同国务院财政部门、国务院保险监督管理机构和相关行业主管部门制定。

第五十二条　生产经营单位与从业人员订立的劳动合同，应当载明有关保障从业人员劳动安全、防止职业危害的事项，以及依法为从业人员办理工伤保险的事项。

生产经营单位不得以任何形式与从业人员订立协议，免除或者减轻其对从业人员因生产安全事故伤亡依法应承担的责任。

第五十六条　生产经营单位发生生产安全事故后，应当及时采取措施救治有关人员。

因生产安全事故受到损害的从业人员，除依法享有工伤保险外，依照有关民事法律尚有获得赔偿的权利的，有权提出赔偿要求。

《中华人民共和国社会保险法》（主席令第二十五号，2018年修正）

第三十三条　职工应当参加工伤保险，由用人单位缴纳工伤保险费，职工不缴纳工伤保险费。

《工伤保险条例》（国务院令第586号，2010年修订）

第二条　中华人民共和国境内的企业、事业单位、社会团体、民办非企业单位、基金会、律师事务所、会计师事务所等组织和有雇工的个体工商户（以下称用人单位）应当依照本条例规定参加工伤保险，为本单位全部职工或者雇工（以下称职工）缴纳工伤保

险费。

第六十二条 用人单位依照本条例规定应当参加工伤保险而未参加的，由社会保险行政部门责令限期参加，补缴应当缴纳的工伤保险费，并自欠缴之日起，按日加收万分之五的滞纳金；逾期仍不缴纳的，处欠缴数额1倍以上3倍以下的罚款。

依照本条例规定应当参加工伤保险而未参加工伤保险的用人单位职工发生工伤的，由该用人单位按照本条例规定的工伤保险待遇项目和标准支付费用。

用人单位参加工伤保险并补缴应当缴纳的工伤保险费、滞纳金后，由工伤保险基金和用人单位依照本条例的规定支付新发生的费用。

《水利水电勘测设计单位安全生产标准化评审规程》（T/CWEC 17—2020）

1.4.6 按照有关规定，为从业人员及时办理相关保险。

★ 应开展的基础工作

（1）勘测设计单位应依规对全部职工办理工伤保险，并缴纳费用。

（2）勘测设计单位项目现场应注意留存参加工伤保险的相关资料，如参加工伤保险缴费记录及相关完税证明，做好相关登记。

● 违规行为标准条文

24. 设计单位指定建筑材料、建筑构配件的生产厂、供应商。（一般）

◆ 法律、法规、规范性文件和技术标准要求

《中华人民共和国建筑法》（主席令第二十九号，2019年修正）

第五十七条 建筑设计单位对设计文件选用的建筑材料、建筑构配件和设备，不得指定生产厂、供应商。

《建设工程质量管理条例》（国务院令第714号，2019年修订）

第二十二条 设计单位在设计文件中选用的建筑材料、建筑构配件和设备，应当注明规格、型号、性能等技术指标，其质量要求必须符合国家规定的标准。

除有特殊要求的建筑材料、专用设备、工艺生产线等外，设计单位不得指定生产厂、供应商。

第六十三条 违反本条例规定，有下列行为之一的，责令改正，处10万元以上30万元以下的罚款：

（一）勘察单位未按照工程建设强制性标准进行勘察的；

（二）设计单位未根据勘察成果文件进行工程设计的；

（三）设计单位指定建筑材料、建筑构配件的生产厂、供应商的；

（四）设计单位未按照工程建设强制性标准进行设计的。

有前款所列行为，造成工程质量事故的，责令停业整顿，降低资质等级；情节严重的，吊销资质证书；造成损失的，依法承担赔偿责任。

《建设工程勘察设计管理条例》（国务院令第 687 号，2017 年修订）
第二十七条　设计文件中选用的材料、构配件、设备，应当注明其规格、型号、性能等技术指标，其质量要求必须符合国家规定的标准。

除有特殊要求的建筑材料、专用设备和工艺生产线等外，设计单位不得指定生产厂、供应商。

第四十一条　违反本条例规定，有下列行为之一的，依照《建设工程质量管理条例》第六十三条的规定给予处罚：

（一）勘察单位未按照工程建设强制性标准进行勘察的；

（二）设计单位未根据勘察成果文件进行工程设计的；

（三）设计单位指定建筑材料、建筑构配件的生产厂、供应商的；

（四）设计单位未按照工程建设强制性标准进行设计的。

★ 应开展的基础工作

（1）勘测设计单位不应对设计文件选用的建筑材料、建筑构配件和设备的生产厂、供应商进行指定。

（2）勘测设计单位在设计文件中选用的材料、构配件、设备，应注明其规格、型号、性能等技术指标，其质量要求必须符合国家规定的标准。

● 违规行为标准条文

25. 未为从业人员提供符合国家标准或者行业标准的劳动防护用品。（严重）

◆ 法律、法规、规范性文件和技术标准要求

《中华人民共和国安全生产法》（主席令第八十八号，2021 年修正）
第四十五条　生产经营单位必须为从业人员提供符合国家标准或者行业标准的劳动防护用品，并监督、教育从业人员按照使用规则佩戴、使用。

第四十七条　生产经营单位应当安排用于配备劳动防护用品、进行安全生产培训的经费。

第五十七条　从业人员在作业过程中，应当严格落实岗位安全责任，遵守本单位的安全生产规章制度和操作规程，服从管理，正确佩戴和使用劳动防护用品。

第九十九条　生产经营单位有下列行为之一的，责令限期改正，处五万元以下的罚款；逾期未改正的，处五万元以上二十万元以下的罚款，对其直接负责的主管人员和其他直接责任人员处一万元以上二万元以下的罚款；情节严重的，责令停产停业整顿；构成犯

罪的，依照刑法有关规定追究刑事责任：

（一）未在有较大危险因素的生产经营场所和有关设施、设备上设置明显的安全警示标志的；

（二）安全设备的安装、使用、检测、改造和报废不符合国家标准或者行业标准的；

（三）未对安全设备进行经常性维护、保养和定期检测的；

（四）关闭、破坏直接关系生产安全的监控、报警、防护、救生设备、设施，或者篡改、隐瞒、销毁其相关数据、信息的；

（五）未为从业人员提供符合国家标准或者行业标准的劳动防护用品的；

（六）危险物品的容器、运输工具，以及涉及人身安全、危险性较大的海洋石油开采特种设备和矿山井下特种设备未经具有专业资质的机构检测、检验合格，取得安全使用证或者安全标志，投入使用的；

（七）使用应当淘汰的危及生产安全的工艺、设备的；

（八）餐饮等行业的生产经营单位使用燃气未安装可燃气体报警装置的。

《中华人民共和国劳动法》（主席令第二十五号，2018年修正）

第五十四条 用人单位必须为劳动者提供符合国家规定的劳动安全卫生条件和必要的劳动防护用品，对从事有职业危害作业的劳动者应当定期进行健康检查。

《水利水电工程施工安全防护设施技术规范》（SL 714—2015）

3.12 安全防护用品

3.12.1 施工生产使用的安全防护用品如安全帽、安全带、安全网等，应符合国家规定的质量标准，具有厂家安全生产许可证、产品合格证和安全鉴定合格证，否则不应采购、发放和使用。

3.12.2 安全防护用品应按规定要求正确使用，不应使用超过使用期限的安全防护用具；常用安全防护用具应经常检查和定期实验，其检查实验的要求和周期应符合有关规定。

3.12.3 安全防护用具，严禁作其他工具使用，并应妥善保管，安全帽、安全带等应放在空气流通、干燥处。

《建设工程安全生产管理条例》（国务院令第393号）

第三十三条 作业人员应当遵守安全施工的强制性标准、规章制度和操作规程，正确使用安全防护用具、机械设备等。

《安全生产违法行为行政处罚办法》（安监总局令第77号，2015年修正）

第四十三条 生产经营单位的决策机构、主要负责人、个人经营的投资人（包括实际控制人，下同）未依法保证下列安全生产所必需的资金投入之一，致使生产经营单位不具备安全生产条件的，责令限期改正，提供必需的资金，可以对生产经营单位处1万元以上3万元以下罚款，对生产经营单位的主要负责人、个人经营的投资人处5000元以上1万元以下罚款；逾期未改正的，责令生产经营单位停产停业整顿：

（一）提取或者使用安全生产费用；

（二）用于配备劳动防护用品的经费；
（三）用于安全生产教育和培训的经费。
（四）国家规定的其他安全生产所必须的资金投入。

生产经营单位主要负责人、个人经营的投资人有前款违法行为，导致发生生产安全事故的，依照《生产安全事故罚款处罚规定（试行）》的规定给予处罚。

《水利水电勘测设计单位安全生产标准化评审规程》（T/CWEC 17—2020）

4.2.15 个体防护

为从业人员配备与岗位安全风险相适应的、符合 GB/T 11651 和 AQ 2049 等相关规定的个体劳动防护用品，并监督、指导从业人员按照有关规定正确佩戴、使用、维护、保养和检查劳动防护装备与用品。同时为野外作业人员配备野外救生用品和野外特殊生活用品。

4.3.4 防护设施及用品

产生职业病危害的工作场所应设置相应的满足要求的职业病防护设施，为从业人员提供适用的职业病防护用品，并指导和监督从业人员正确佩戴和使用。

各种防护用品、器具定点存放在安全、便于取用的地方，建立台账，指定专人负责保管防护器具，并定期校验和维护，确保其处于正常状态。

★ 应开展的基础工作

（1）勘测设计单位应制定安全防护用品管理制度。

（2）勘测设计单位现场人员应正确佩戴使用安全防护用品，并妥善保管。

（3）勘测设计单位应购置符合安全要求的防护用品，保存厂家安全生产许可证、产品合格证和安全鉴定合格证。

（4）勘测设计单位应开展教育培训，教育作业人员正确佩戴、使用防护用品，上岗作业前进行安全检查。

（5）勘测设计单位应建立安全防护用品发放台账，留存安全防护用品发放记录。

● 违规行为标准条文

26. 故意提供虚假情况，或隐瞒存在的事故隐患以及其他安全问题。（严重）

◆ 法律、法规、规范性文件和技术标准要求

《中华人民共和国安全生产法》（主席令第八十八号，2021 年修正）

第一百一十一条 有关地方人民政府、负有安全生产监督管理职责的部门，对生产安全事故隐瞒不报、谎报或者迟报的，对直接负责的主管人员和其他直接责任人员依法给予处分；构成犯罪的，依照刑法有关规定追究刑事责任。

《中华人民共和国刑法》（主席令第十八号，2023 年修正）

第一百三十九条之一　在安全事故发生后，负有报告职责的人员不报或者谎报事故情况，贻误事故抢救，情节严重的，处三年以下有期徒刑或者拘役；情节特别严重的，处三年以上七年以下有期徒刑。

《国务院关于特大安全事故行政责任追究的规定》（国务院令第 302 号，2001 年）

第十六条　特大安全事故发生后，有关县（市、区）、市（地、州）和省、自治区、直辖市人民政府及政府有关部门应当按照国家规定的程序和时限立即上报，不得隐瞒不报、谎报或者拖延报告，并应当配合、协助事故调查，不得以任何方式阻碍、干涉事故调查。

特大安全事故发生后，有关地方人民政府及政府有关部门违反前款规定的，对政府主要领导人和政府部门正职负责人给予降级的行政处分。

《水利安全生产监督管理办法（试行）》（水利部水监督〔2021〕412 号）

第二十一条　各级水行政主管部门、流域管理机构应当建立健全安全风险分级管控和隐患排查治理制度标准体系，建立安全风险数据库，实行差异化监管，督促指导水利生产经营单位开展危险源辨识和风险评价，加强对重大危险源和风险等级为重大的一般危险源的管控。

各级水行政主管部门、流域管理机构应当将隐患排查治理作为本辖区（单位）水利安全生产监督管理的重要内容，加强督促指导和监督检查，对水利生产经营单位未建立事故隐患排查治理制度，未及时排查并采取措施消除事故隐患，未如实记录事故隐患排查治理情况或者未向从业人员通报等行为，按照有关规定追究责任。地方水行政主管部门应当建立健全重大事故隐患督办制度，督促指导水利生产经营单位及时消除重大事故隐患。

《安全生产违法行为行政处罚办法》（安监总局令第 77 号，2015 年修正）

第四十五条　生产经营单位及其主要负责人或者其他人员有下列行为之一的，给予警告，并可以对生产经营单位处 1 万元以上 3 万元以下罚款，对其主要负责人、其他有关人员处 1 千元以上 1 万元以下的罚款：

（一）违反操作规程或者安全管理规定作业的；

（二）违章指挥从业人员或者强令从业人员违章、冒险作业的；

（三）发现从业人员违章作业不加制止的；

（四）超过核定的生产能力、强度或者定员进行生产的；

（五）对被查封或者扣押的设施、设备、器材、危险物品和作业场所，擅自启封或者使用的；

（六）故意提供虚假情况或者隐瞒存在的事故隐患以及其他安全问题的；

（七）拒不执行安全监管监察部门依法下达的安全监管监察指令的。

★ 应开展的基础工作

（1）勘测设计单位应如实提供关于事故隐患和安全问题的真实证据和材料。

（2）勘测设计单位应积极配合事故隐患的排查和整治。

● 违规行为标准条文

27. 拒绝、阻碍负有安全生产监督管理职责的部门依法实施监督检查。（严重）

◆ 法律、法规、规范性文件和技术标准要求

《中华人民共和国安全生产法》（主席令第八十八号，2021年修正）

第六十六条 生产经营单位对负有安全生产监督管理职责的部门的监督检查人员（以下统称安全生产监督检查人员）依法履行监督检查职责，应当予以配合，不得拒绝、阻挠。

第八十八条 任何单位和个人不得阻挠和干涉对事故的依法调查处理。

第一百零八条 违反本法规定，生产经营单位拒绝、阻碍负有安全生产监督管理职责的部门依法实施监督检查的，责令改正；拒不改正的，处二万元以上二十万元以下的罚款；对其直接负责的主管人员和其他直接责任人员处一万元以上二万元以下的罚款；构成犯罪的，依照刑法有关规定追究刑事责任。

《水利工程建设安全生产管理规定》（水利部令第50号，2019年修正）

第二十六条 水行政主管部门和流域管理机构按照分级管理权限，负责水利工程建设安全生产的监督管理。水行政主管部门或者流域管理机构委托的安全生产监督机构，负责水利工程施工现场的具体监督检查工作。

第二十七条 水利部负责全国水利工程建设安全生产的监督管理工作，其主要职责是：

（一）贯彻、执行国家有关安全生产的法律、法规和政策，制定有关水利工程建设安全生产的规章、规范性文件和技术标准；

（二）监督、指导全国水利工程建设安全生产工作，组织开展对全国水利工程建设安全生产情况的监督检查；

（三）组织、指导全国水利工程建设安全生产监督机构的建设、管理以及水利水电工程施工单位的主要负责人、项目负责人和专职安全生产管理人员的安全生产考核工作。

第二十八条 流域管理机构负责所管辖的水利工程建设项目的安全生产监督工作。

第二十九条 省、自治区、直辖市人民政府水行政主管部门负责本行政区域内所管辖的水利工程建设安全生产的监督管理工作，其主要职责是：

（一）贯彻、执行有关安全生产的法律、法规、规章、政策和技术标准，制定地方有关水利工程建设安全生产的规范性文件；

（二）监督、指导本行政区域内所管辖的水利工程建设安全生产工作，组织开展对本行政区域内所管辖的水利工程建设安全生产情况的监督检查；

（三）组织、指导本行政区域内水利工程建设安全生产监督机构的建设工作以及有关

的水利水电工程施工单位的主要负责人、项目负责人和专职安全生产管理人员的安全生产考核工作。

市、县级人民政府水行政主管部门水利工程建设安全生产的监督管理职责,由省、自治区、直辖市人民政府水行政主管部门规定。

第三十条 水行政主管部门或者流域管理机构委托的安全生产监督机构,应当严格按照有关安全生产的法律、法规、规章和技术标准,对水利工程施工现场实施监督检查。

安全生产监督机构应当配备一定数量的专职安全生产监督人员。

第三十一条 水行政主管部门或者其委托的安全生产监督机构应当自收到本规定第九条和第十一条规定的有关备案资料后20日内,将有关备案资料抄送同级安全生产监督管理部门。流域管理机构抄送项目所在地省级安全生产监督管理部门,并报水利部备案。

第三十二条 水行政主管部门、流域管理机构或者其委托的安全生产监督机构依法履行安全生产监督检查职责时,有权采取下列措施:

(一)要求被检查单位提供有关安全生产的文件和资料;

(二)进入被检查单位施工现场进行检查;

(三)纠正施工中违反安全生产要求的行为;

(四)对检查中发现的安全事故隐患,责令立即排除;重大安全事故隐患排除前或者排除过程中无法保证安全的,责令从危险区域内撤出作业人员或者暂时停止施工。

第三十三条 各级水行政主管部门和流域管理机构应当建立举报制度,及时受理对水利工程建设生产安全事故及安全事故隐患的检举、控告和投诉;对超出管理权限的,应当及时转送有管理权限的部门。举报制度应当包括以下内容:

(一)公布举报电话、信箱或者电子邮件地址,受理对水利工程建设安全生产的举报;

(二)对举报事项进行调查核实,并形成书面材料;

(三)督促落实整顿措施,依法作出处理。

《安全生产违法行为行政处罚办法》(安监总局令第77号,2015年修正)

第五十五条 生产经营单位及其有关人员有下列情形之一的,应当从重处罚:

(一)危及公共安全或者其他生产经营单位安全的,经责令限期改正,逾期未改正的;

(二)一年内因同一违法行为受到两次以上行政处罚的;

(三)拒不整改或者整改不力,其违法行为呈持续状态的;

(四)拒绝、阻碍或者以暴力威胁行政执法人员的。

《建设工程勘察设计管理条例》(国务院令第687号,2017年修订)

第三十一条 国务院建设行政主管部门对全国的建设工程勘察、设计活动实施统一监督管理。国务院铁路、交通、水利等有关部门按照国务院规定的职责分工,负责对全国的有关专业建设工程勘察、设计活动的监督管理。

县级以上地方人民政府建设行政主管部门对本行政区域内的建设工程勘察、设计活动实施监督管理。县级以上地方人民政府交通、水利等有关部门在各自的职责范围内,负责对本行政区域内的有关专业建设工程勘察、设计活动的监督管理。

《水利工程建设安全生产监督检查导则》(水利部水安监〔2011〕475号)

1.5 有关单位和人员应积极配合监督检查工作,及时提供有关文件和资料,并对其真实性负责。

2.2 对勘察(测)设计单位安全生产监督检查内容主要包括:

1)工程建设强制性标准执行情况;

2)对工程重点部位和环节防范生产安全事故的指导意见或建议;

3)新结构、新材料、新工艺及特殊结构防范生产安全事故措施建议;

4)勘察(测)设计单位资质、人员资格管理和设计文件管理等。

检查项目和要求参见附表二《勘察(测)、设计单位安全生产检查表》。

附表二: 勘察(测)、设计单位安全生产检查表

序号	检查项目	检查内容要求与记录	检查意见
1	工程建设强制性标准	(1)相关强制性标准要求识别完整	
		(2)标准适用正确	
2	工程重点部位和环节防范生产安全事故指导意见	(1)工程重点部位明确	
		(2)工程建设关键环节明确	
		(3)指导意见明确	
		(4)指导及时、有效	
3	"三新"(新结构、新材料、新工艺)及特殊结构防范生产安全事故措施建议	(1)工程"三新"明确	
		(2)特殊结构明确	
		(3)措施建议及时有效	
4	事故分析	(1)无设计原因造成的事故	
		(2)参与事故分析	
5	文件审签及标识	(1)施工图纸单位证章	
		(2)责任人签字	
		(3)执业证章	

被检查单位(签字): 检查组组长(签字):

3.8 监督检查组织单位根据检查情况,向被检查单位下发整改意见;有关部门和工程各参建单位应认真研究制定整改方案,落实整改措施,尽快完成整改并及时向监督检查组织单位反馈整改意见落实情况。

★ 应开展的基础工作

(1)依据国家法律法规和规范要求,接受上级单位和建设项目相关部门的监督检查工作。

(2)如实、完整地提供检查组需要的信息和情况。

(3)认真整改落实检查组提出的相关问题,并监督建设单位关于问题的整改情况,审核整改汇报并提出修改意见。

监理单位篇

第十三章 安全控制系

● **违规行为标准条文**

1. 超越本单位资质等级许可的业务范围承揽监理业务或未取得相应资质等级证书承揽本项目监理业务。（一般）

◆ **法律、法规、规范性文件和技术标准要求**

《建设工程质量管理条例》（国务院令第714号，2019年修订）

第三十四条　工程监理单位应当依法取得相应等级的资质证书，并在其资质等级许可的范围内承担工程监理业务。

禁止工程监理单位超越本单位资质等级许可的范围或者以其他工程监理单位的名义承担工程监理业务。禁止工程监理单位允许其他单位或者个人以本单位的名义承担工程监理业务。

工程监理单位不得转让工程监理业务。

《水利工程质量管理规定》（水利部令第52号，2023年）

第四十一条　监理单位应当在其资质等级许可的范围内承担水利工程监理业务，禁止超越资质等级许可的范围或者以其他监理单位的名义承担水利工程监理业务，禁止允许其他单位或者个人以本单位的名义承担水利工程监理业务，不得转让其承担的水利工程监理业务。

《水利工程建设监理规定》（水利部令第49号，2017年修正）

第七条　监理单位应当按照水利部的规定，取得《水利工程建设监理单位资质等级证书》，在其资质等级许可的范围内承揽水利工程建设监理业务。

★ **应开展的基础工作**

（1）监理单位在对项目开展监理工作时，留存本单位资质证书复印件，并在复印件上加盖本单位公章。

（2）监理单位必须确保资质证书及其复印件的时效性，及时更新。

（3）监理单位应根据本单位资质情况，在资质允许等级范围内承揽相应的监理业务。

● 违规行为标准条文

2. 监理单位转让监理业务。（一般）

◆ 法律、法规、规范性文件和技术标准要求

《中华人民共和国建筑法》（主席令第二十九号，2019 年修正）

第三十四条 工程监理单位应当在其资质等级许可的监理范围内，承担工程监理业务。

工程监理单位应当根据建设单位的委托，客观、公正地执行监理任务。

工程监理单位与被监理工程的承包单位以及建筑材料、建筑构配件和设备供应单位不得有隶属关系或者其他利害关系。

工程监理单位不得转让工程监理业务。

《建设工程质量管理条例》（国务院令第 714 号，2019 年修订）

第三十四条 工程监理单位应当依法取得相应等级的资质证书，并在其资质等级许可的范围内承担工程监理业务。

禁止工程监理单位超越本单位资质等级许可的范围或者以其他工程监理单位的名义承担工程监理业务。禁止工程监理单位允许其他单位或者个人以本单位的名义承担工程监理业务。

工程监理单位不得转让工程监理业务。

《水利工程施工监理规范》（SL 288—2014）

3.1.2 监理单位开展监理工作，应遵守下列规定：

1 严格遵守国家法律、法规和规章，维护国家利益、社会公共利益和工程建设各方合法权益。

2 不得与承包人以及原材料、中间产品和工程设备供应单位有隶属关系或者其他利害关系。

3 不得转让、违法分包监理业务。

4 不得聘用无相应资格的人员从事监理业务。

5 不得允许其他单位或者个人以本单位名义承揽监理业务。

6 不得采取不正当竞争手段承揽监理业务。

★ 应开展的基础工作

（1）监理单位不应将监理项目转让，不应雇佣无资质的个人参与项目管理。

（2）监理单位不应将监理项目违法分包。

- **违规行为标准条文**

    3. 允许其他单位或者个人以本单位名义承揽本项目监理业务。（一般）

- **法律、法规、规范性文件和技术标准要求**

《建设工程质量管理条例》（国务院令第714号，2019年修订）

第三十四条　工程监理单位应当依法取得相应等级的资质证书，并在其资质等级许可的范围内承担工程监理业务。

禁止工程监理单位超越本单位资质等级许可的范围或者以其他工程监理单位的名义承担工程监理业务。禁止工程监理单位允许其他单位或者个人以本单位的名义承担工程监理业务。

工程监理单位不得转让工程监理业务。

《水利工程质量管理规定》（水利部令第52号，2023年）

第四十一条　监理单位应当在其资质等级许可的范围内承担水利工程监理业务，禁止超越资质等级许可的范围或者以其他监理单位的名义承担水利工程监理业务，禁止允许其他单位或者个人以本单位的名义承担水利工程监理业务，不得转让其承担的水利工程监理业务。

《水利工程施工监理规范》（SL 288—2014）

3.1.2　监理单位开展监理工作，应遵守下列规定：

1　严格遵守国家法律、法规和规章，维护国家利益、社会公共利益和工程建设各方合法权益。

2　不得与承包人以及原材料、中间产品和工程设备供应单位有隶属关系或者其他利害关系。

3　不得转让、违法分包监理业务。

4　不得聘用无相应资格的人员从事监理业务。

5　不得允许其他单位或者个人以本单位名义承揽监理业务。

6　不得采取不正当竞争手段承揽监理业务。

- **应开展的基础工作**

（1）监理单位应加强对本单位资质证书的管理，加强本单位公章使用管理，建立和完善本单位的公章使用登记制度。

（2）禁止任何非本单位人员以本单位的名义外出投标和承揽监理业务。

（3）禁止其他单位以任何名义用本单位资质承揽业务和投标。

（4）对本单位资质使用情况和投标情况，建立台账，便于管理。

- **违规行为标准条文**

  4. 聘用无相应监理人员资格的人员从事本项目监理业务。（一般）

- **法律、法规、规范性文件和技术标准要求**

  《建设工程质量管理条例》（国务院令第 714 号，2019 年修订）

  第三十七条　工程监理单位应当选派具备相应资格的总监理工程师和监理工程师进驻施工现场。

  未经监理工程师签字，建筑材料、建筑构配件和设备不得在工程上使用或者安装，施工单位不得进行下一道工序的施工。未经总监理工程师签字，建设单位不拨付工程款，不进行竣工验收。

  《水利工程施工监理规范》（SL 288—2014）

  3.1.2　监理单位开展监理工作，应遵守下列规定：

  1　严格遵守国家法律、法规和规章，维护国家利益、社会公共利益和工程建设各方合法权益。

  2　不得与承包人以及原材料、中间产品和工程设备供应单位有隶属关系或者其他利害关系。

  3　不得转让、违法分包监理业务。

  4　不得聘用无相应资格的人员从事监理业务。

  5　不得允许其他单位或者个人以本单位名义承揽监理业务。

  6　不得采取不正当竞争手段承揽监理业务。

- **应开展的基础工作**

  （1）监理单位在雇佣项目监理员和其他工作人员时，应审核被雇佣人员的资质证明，同时应到相关部门的网站进行在线验证其资质证书的真伪，并打印、保存验证页面。

  （2）本单位人员的相关证件，应在建立项目保存原件。如留存复印件，则应加盖本单位公章。

- **违规行为标准条文**

  5. 监理单位未按监理合同，选派满足监理工作要求的总监理工程师、监理工程师和监理员组建项目监理机构，进驻现场。（一般）

◆ 法律、法规、规范性文件和技术标准要求

《水利工程建设监理规定》（水利部令第 49 号，2017 年修正）

第十一条 监理单位应当按下列程序实施建设监理：

（一）按照监理合同，选派满足监理工作要求的总监理工程师、监理工程师和监理员组建项目监理机构，进驻现场。

（二）编制监理规划，明确项目监理机构的工作范围、内容、目标和依据，确定监理工作制度、程序、方法和措施，并报项目法人备案；

（三）按照工程建设进度计划，分专业编制监理实施细则；

（四）按照监理规划和监理实施细则开展监理工作，编制并提交监理报告；

（五）监理业务完成后，按照监理合同向项目法人提交监理工作报告、移交档案资料。

《建设工程质量管理条例》（国务院令第 714 号，2019 年修订）

第三十七条 工程监理单位应当选派具备相应资格的总监理工程师和监理工程师进驻施工现场。

未经监理工程师签字，建筑材料、建筑构配件和设备不得在工程上使用或者安装，施工单位不得进行下一道工序的施工。未经总监理工程师签字，建设单位不拨付工程款，不进行竣工验收。

《水利水电工程施工安全管理导则》（SL 721—2015）

4.3.1 监理单位应按照法律、法规、标准及监理合同实施监理，宜配备专职安全监理人员，对所监理工程的施工安全生产进行监督检查，并对工程安全生产承担监理责任。

4.3.2 监理单位应在监理大纲和细则中明确监理人员的安全生产监理职责，监理人员应满足水利水电工程施工安全管理的需要。其应履行下列安全生产监理职责：

1 按照法律、法规、规章、制度和标准，根据施工合同文件的有关约定，开展施工安全检查、监督；

2 编制安全监理规划、细则；

3 协助项目法人编制安全生产措施方案；

4 审查安全技术措施、专项施工方案及安全生产费用使用计划，并监督实施；

5 组织或参与安全防护设施、设施设备、危险性较大的单项工程验收；

6 审查施工单位安全生产许可证、三类人员及特种设备作业人员资格证书的有效性；

7 协助生产安全事故调查等。

★ 应开展的基础工作

（1）监理单位中标后，应根据投标文件中所承诺的总监理工程师、监理工程师等相关人员，组成现场监理机构，进入项目开展监理工作。

（2）施工期间，不应随意更换已派驻项目的相关人员，如确需更换的，应按照合同文

件并履行相关手续，得到建设单位批准后，方可更换。

● 违规行为标准条文

6. 未建立全员安全生产责任制。（一般）

◆ 法律、法规、规范性文件和技术标准要求

《中华人民共和国安全生产法》（主席令第八十八号，2021年修正）

第四条 生产经营单位必须遵守本法和其他有关安全生产的法律、法规，加强安全生产管理，建立健全全员安全生产责任制和安全生产规章制度，加大对安全生产资金、物资、技术、人员的投入保障力度，改善安全生产条件，加强安全生产标准化、信息化建设，构建安全风险分级管控和隐患排查治理双重预防机制，健全风险防范化解机制，提高安全生产水平，确保安全生产。

平台经济等新兴行业、领域的生产经营单位应当根据本行业、领域的特点，建立健全并落实全员安全生产责任制，加强从业人员安全生产教育和培训，履行本法和其他法律、法规规定的有关安全生产义务。

第二十一条 生产经营单位的主要负责人对本单位安全生产工作负有下列职责：

（一）建立健全并落实本单位全员安全生产责任制，加强安全生产标准化建设。

《建设工程安全生产管理条例》（国务院令第393号）

第四条 建设单位、勘察单位、设计单位、施工单位、工程监理单位及其他与建设工程安全生产有关的单位，必须遵守安全生产法律、法规的规定，保证建设工程安全生产，依法承担建设工程安全生产责任。

《水利工程建设安全生产管理规定》（水利部令第50号，2019年修正）

第五条 项目法人（或者建设单位，下同）、勘察（测）单位、设计单位、施工单位、建设监理单位及其他与水利工程建设安全生产有关的单位，必须遵守安全生产法律、法规和本规定，保证水利工程建设安全生产，依法承担水利工程建设安全生产责任。

《国务院安委会办公室关于全面加强企业全员安全生产责任制工作的通知》（国务院安委会办公室 安委办〔2017〕29号）

二、建立健全企业全员安全生产责任制

（三）依法依规制定完善企业全员安全生产责任制。企业主要负责人负责建立、健全企业的全员安全生产责任制。企业要按照《安全生产法》《职业病防治法》等法律法规规定，参照《企业安全生产标准化基本规范》（GB/T 33000—2016）和《企业安全生产责任体系五落实五到位规定》（安监总办〔2015〕27号）等有关要求，结合企业自身实际，明确从主要负责人到一线从业人员（含劳务派遣人员、实习学生等）的安全生产责任、责任范围和考核标准。安全生产责任制应覆盖本企业所有组织和岗位，其责任内容、范围、考

核标准要简明扼要、清晰明确、便于操作、适时更新。企业一线从业人员的安全生产责任制，要力求通俗易懂。

《水利水电工程施工安全管理导则》（SL 721—2015）

1.0.4 各参建单位应贯彻"安全第一，预防为主，综合治理"的方针，建立安全管理体系，落实安全生产责任制，健全规章制度，保障安全生产投入，加强安全教育培训，依靠科学管理和技术进步，提高施工安全管理水平。

5.1.5 监理单位应建立但不限于下列安全生产管理制度：

1 安全生产责任制度；

2 安全生产教育培训制度；

3 安全生产费用、技术、措施、方案审查制度；

4 生产安全事故隐患排查制度；

5 危险源监控管理制度；

6 安全防护设施、生产设施及设备、危险性较大的专项工程、重大事故隐患治理验收制度；

7 安全例会制度及安全档案管理制度等。

《水利工程建设安全生产监督检查导则》（水利部水安监〔2011〕475号）

2.3 建设监理单位安全生产监督检查内容主要包括：

1）工程建设强制性标准执行情况；

2）施工组织设计中的安全技术措施及专项施工方案审查和监督落实情况；

3）安全生产责任制建立及落实情况；

4）监理例会制度、生产安全事故报告制度等执行情况；

5）监理大纲、监理规划、监理细则中有关安全生产措施执行情况等。

检查项目和要求参见附表三。

附表三： 建设监理单位安全生产检查表

序号	检查项目	检查内容要求与记录	检查意见
1	工程建设强制性标准	（1）相关强制性标准要求识别完整	
		（2）标准适用正确	
		（3）发现不符合强制性标准时，有记录	
2	审查施工组织设计的安全措施	（1）审查施工组织设计	
		（2）审查专项安全技术方案	
		（3）相关审查意见有效	
		（4）安全生产措施执行情况	
3	安全生产责任制	（1）相关人员职责和权力、义务明确	
		（2）检查施工单位安全生产责任制	
4	安全生产事故隐患	（1）及时发现并报告	
		（2）及时要求整改	
		（3）复查整改验收	

续表

序号	检查项目	检查内容要求与记录	检查意见
5	监理例会制度	(1) 按期召开例会	
		(2) 会议记录完整	
		(3) 会议要求检查落实	
6	生产安全事故报告制度等执行情况	(1) 报告制度	
		(2) 及时报告	
		(3) 处理措施检查监督	
7	监理大纲、监理规划、监理细则中有关安全生产措施执行情况等	(1) 措施完善	
		(2) 执行情况	
8	执业资格	(1) 执业资格符合规定	
		(2) 执业人员签字	

被检查单位（签字）：　　　　　　　　　　　　　检查组组长（签字）：

★ 应开展的基础工作

（1）根据项目建设实际和监理单位派驻现场的人员，编制符合要求的全员安全生产责任制度。

（2）责任制度应明确各部门的安全生产职责，明确岗位人员的安全责任，明确安全生产责任制度的考核时间和考核内容。

（3）开展责任制考核工作，落实奖惩措施。

● 违规行为标准条文

7. 全员安全生产责任制未明确各岗位的责任人员、责任范围和考核标准等内容。（一般）

◆ 法律、法规、规范性文件和技术标准要求

《国务院安委会办公室关于全面加强企业全员安全生产责任制工作的通知》（安委办〔2017〕29号）

第二条　建立健全企业全员安全生产责任制

（六）加强落实企业全员安全生产责任制的考核管理。

企业要建立健全安全生产责任制管理考核制度，对全员安全生产责任制落实情况进行考核管理。要健全激励约束机制，通过奖励主动落实、全面落实责任，惩处不落实责任、部分落实责任，不断激发全员参与安全生产工作的积极性和主动性，形成良好的安全文化氛围。

《水利水电工程施工安全管理导则》(SL 721—2015)

4.5.8 各参建单位应对其负有施工安全管理责任的其他人员、其他部门的职责予以明确。

4.5.9 施工单位制订的安全生产责任制应经监理单位审核，报项目法人备案。监理、设计及其他有关参建单位制订的安全生产责任制应报项目法人备案。

各参建单位的安全生产责任制应以文件形式印发。

4.5.10 各参建单位每季度应对各部门、人员安全生产责任制落实情况进行检查、考核，并根据考核结果进行奖惩。

4.5.11 项目法人应定期组织对各参建单位安全生产责任制的适宜性进行评审。

4.5.12 各参建单位应根据评审情况，更新并保证安全生产责任制的适宜性。更新后的安全生产责任制应按规定进行备案，并以文件形式重新印发。

★ 应开展的基础工作

（1）项目人员组成，应符合投标文件承诺要求。

（2）组建监理项目后，应根据项目和人员情况，编制符合本监理项目的全员安全生产责任制文件，编制完成后，应以项目部正式文件下发，并组织本监理项目进行集体学习该责任制文件。

（3）责任制文件中的安全生产责任，应涵盖本项目所有部门和所有监理人员，明确部门和每位监理人员的安全生产责任，不应遗漏。如有人员更换，应及时修订责任制文件并报项目建设单位备案。

（4）责任制文件应明确，监理项目责任制落实情况的考核标准，明确考核时间段和考核人员。

● 违规行为标准条文

8. 未建立安全生产责任制落实情况的监督考核机制，或未开展监督考核。（一般）

◆ 法律、法规、规范性文件和技术标准要求

《中华人民共和国安全生产法》（主席令第八十八号，2021年修正）

第二十二条 生产经营单位的全员安全生产责任制应当明确各岗位的责任人员、责任范围和考核标准等内容。

生产经营单位应当建立相应的机制，加强对全员安全生产责任制落实情况的监督考核，保证全员安全生产责任制的落实。

《国务院安委会办公室关于全面加强企业全员安全生产责任制工作的通知》（安委办〔2017〕29号）

二、建立健全企业全员安全生产责任制

（六）加强落实企业全员安全生产责任制的考核管理。企业要建立健全安全生产责任制管理考核制度，对全员安全生产责任制落实情况进行考核管理。要健全激励约束机制，通过奖励主动落实、全面落实责任，惩处不落实责任、部分落实责任，不断激发全员参与安全生产工作的积极性和主动性，形成良好的安全文化氛围。

《水利水电工程施工安全管理导则》（SL 721—2015）

4.5.10　各参建单位每季度应对各部门、人员安全生产责任制落实情况进行检查、考核，并根据考核结果进行奖惩。

★ 应开展的基础工作

（1）监理项目的安全生产责任制文件中，应明确本项目的监督考核方式和时间，明确监督考核人员，并写入责任文件中，报项目建设单位备案。

（2）根据建设单位批复的安全生产责任制文件，定期组织相关人员开展考核工作，形成考核记录。

（3）根据考核结果，对相关人员进行奖惩或约谈。

（4）监理项目安全生产责任制落实情况的考核，可邀请相关单位人员参加。

● 违规行为标准条文

9. 监理机构未结合本项目实际执行单位的安全生产规章制度。（一般）

◆ 法律、法规、规范性文件和技术标准要求

《中华人民共和国安全生产法》（主席令第八十八号，2021 年修正）

第四条　生产经营单位必须遵守本法和其他有关安全生产的法律、法规，加强安全生产管理，建立健全全员安全生产责任制和安全生产规章制度，加大对安全生产资金、物资、技术、人员的投入保障力度，改善安全生产条件，加强安全生产标准化、信息化建设，构建安全风险分级管控和隐患排查治理双重预防机制，健全风险防范化解机制，提高安全生产水平，确保安全生产。

平台经济等新兴行业、领域的生产经营单位应当根据本行业、领域的特点，建立健全并落实全员安全生产责任制，加强从业人员安全生产教育和培训，履行本法和其他法律、法规规定的有关安全生产义务。

第二十五条　生产经营单位的安全生产管理机构以及安全生产管理人员履行下列职责：

（一）组织或者参与拟订本单位安全生产规章制度、操作规程和生产安全事故应急救援预案；

（二）组织或者参与本单位安全生产教育和培训，如实记录安全生产教育和培训情况；

（三）组织开展危险源辨识和评估，督促落实本单位重大危险源的安全管理措施；

（四）组织或者参与本单位应急救援演练；

（五）检查本单位的安全生产状况，及时排查生产安全事故隐患，提出改进安全生产管理的建议；

（六）制止和纠正违章指挥、强令冒险作业、违反操作规程的行为；

（七）督促落实本单位安全生产整改措施。

生产经营单位可以设置专职安全生产分管负责人，协助本单位主要负责人履行安全生产管理职责。

《水利水电工程施工安全管理导则》（SL 721—2015）

5.2.2 各参建单位应将适用的安全生产法律、法规、规章、制度和标准清单和安全管理制度印制成册或制订电子文档配发给单位各部门和岗位，组织全体从业人员学习，并做好学习记录，主持人和参加学习的人员应签字确认。

★ 应开展的基础工作

（1）监理单位应根据建设项目实际，识别与本建设项目相适宜的安全生产规章制度，并制作成工作手册或电子文档，发放给本项目所有监理人员。

（2）组织专题培训，对本项目涉及的安全生产规章制度进行专题学习。专题学习应形成学习记录，并应组织开展考核。

● 违规行为标准条文

10. 监理机构未制定、落实适合本项目的安全生产工作制度。（一般）

◆ 法律、法规、规范性文件和技术标准要求

《水利水电工程施工安全管理导则》（SL 721—2015）

5.1.7 其他有关参建单位应根据《适用的安全生产法律、法规、规章、制度和标准清单》和相关要求，制订本单位的安全管理制度，应至少包括安全生产责任制度、安全生产教育培训制度、安全生产检查制度等。

5.1.8 安全生产管理制度应至少包含下列内容：

1 工作内容；

2 责任人（部门）的职责与权限；

3 基本工作程序及标准。

《水利工程施工监理规范》（SL 288—2014）

3.2.3 监理机构应制定与监理工作内容相适应的工作制度。

★ 应开展的基础工作

（1）制定符合本项目建设实际相适应的安全生产工作制度，制度应涵盖所有监理业务范围内的安全工作事项。

（2）监理单位应根据项目建设情况，定期开展适宜本建设项目的相关规章制度的集体学习或安全交底，学习应形成学习记录。

● 违规行为标准条文

11. 监理机构未及时识别本项目适用的安全生产法律、法规、规章、制度和标准，或未及时更新。（一般）

◆ 法律、法规、规范性文件和技术标准要求

《水利安全生产标准化通用规范》（SL/T 789—2019）

3.2.1 法规标准识别

水利生产经营单位应建立安全生产和职业健康法律法规、标准规范的管理制度，明确主管部门，确定获取的渠道、方式，及时识别和获取适用、有效的法律法规、标准规范，建立安全生产和职业健康法律法规、标准规范清单和文本数据库。

水利生产经营单位应将适用的安全生产和职业健康法律法规、标准规范的相关要求转化为本单位的规章制度、操作规程，并及时传达给相关从业人员，确保相关要求落实到位。

《水利水电工程施工安全管理导则》（SL 721—2015）

5.1.1 工程开工前，各参建单位应组织识别适用的安全生产法律、法规、规章、制度和标准，报项目法人。

5.1.2 项目法人应及时组织有关参建单位识别适用的安全生产法律、法规、规章、制度和标准，并于工程开工前将《适用的安全生产法律、法规、规章、制度和标准的清单》书面通知单位。各参建单位应将法律、法规、规章、制度和标准的相关要求转化为内部管理制度贯彻执行。

对国家、行业主管部门新发布的安全生产法律、法规、规章、制度和标准，项目法人应及时组织参建单位识别，并将适用的文件清单及时通知有关参建单位。

★ 应开展的基础工作

（1）签订建设项目合同后，监理单位相关人员应组织开展与本建设项目相适宜的安全生产法律、法规、规章、制度和标准规范的识别，并建立法律法规清单，进行清单化

管理。

（2）定期识别并更新相应的安全生产法律、法规、规章、制度和标准规范，识别更新后，应以项目部文件进行告知。

（3）监理项目应设置专人，对安全生产法律、法规、规章、制度和标准，或未及时更新进行管理，相关条文更新后，监理项目应及时进行更新和学习。

● 违规行为标准条文

12. 总监理工程师未履职。（一般）

◆ 法律、法规、规范性文件和技术标准要求

《水利工程建设监理规定》（水利部令第 49 号，2017 年修正）

第十二条 水利工程建设监理实行总监理工程师负责制。

总监理工程师负责全面履行监理合同约定的监理单位职责，发布有关指令，签署监理文件，协调有关各方之间的关系。

监理工程师在总监理工程师授权范围内开展监理工作，具体负责所承担的监理工作，并对总监理工程师负责。

监理员在监理工程师或者总监理工程师授权范围内从事监理辅助工作。

《水利工程施工监理规范》（SL 288—2014）

3.3.3 水利工程施工监理实行总监理工程师负责制。总监理工程师应负责全面履行监理合同约定的监理单位的义务，主要职责应包括下列各项：

1 主持编制监理规划，制定监理机构工作制度，审批监理实施细则。

2 确定监理机构部门职责及监理人员职责权限；协调监理机构内部工作；负责监理机构中监理人员的工作考核，调换不称职的监理人员；根据工程建设进展情况，调整监理人员。

3 签发或授权签发监理机构的文件。

4 主持审查承包人提出的分包项目和分包人，报发包人批准。

5 审批承包人提交的合同工程开工申请、施工组织设计、施工进度计划、资金流计划。

6 审批承包人按有关安全规定和合同要求提交的专项施工方案、度汛方案和灾害应急预案。

7 审核承包人提交的文明施工组织机构和措施。

8 主持或授权监理工程师主持设计交底；组织核查并签发施工图纸。

9 主持第一次监理工地会议，主持或授权监理工程师主持监理例会和监理专题会议。

10 签发合同工程开工通知、暂停施工指示和复工通知等重要监理文件。

11 组织审核已完成工程量和付款申请，签发各类付款证书。

12 主持处理变更、索赔和违约等事宜，签发有关文件。

13 主持施工合同实施中的协调工作，调解合同争议。

14 要求承包人撤换不称职或不宜在本工程工作的现场施工人员或技术、管理人员。

15 组织审核承包人提交的质量保证体系文件、安全生产管理机构和安全措施文件并监督其实施，发现安全隐患及时要求承包人整改或暂停施工。

16 审批承包人施工质量缺陷处理措施计划，组织施工质量缺陷处理情况的检查和施工质量缺陷备案表的填写；按相关规定参与工程质量及安全事故的调查和处理。

17 复核分部工程和单位工程的施工质量等级，代表监理机构评定工程项目施工质量。

18 参加或受发包人委托主持分部工程验收，参加单位工程验收、合同工程完工验收、阶段验收和竣工验收。

19 组织编写并签发监理月报、监理专题报告和监理工作报告；组织整理监理档案资料。

20 组织审核承包人提交的工程档案归档资料，并提交审核专题报告。

3.3.4 总监理工程师可通过书面授权副总监理工程师或监理工程师履行其部分职责，但下列工作除外：

1 主持编制监理规划，审批监理实施细则。

2 主持审查承包人提出的分包项目和分包人。

3 审批承包人提交的合同工程开工申请、施工组织设计、施工总进度计划、年施工进度计划、专项施工进度计划、资金流计划。

4 审批承包人按有关安全规定和合同要求提交的专项施工方案、度汛方案和灾害应急预案。

5 签发施工图纸。

6 主持第一次监理工地会议，签发合同工程开工通知、暂停施工指示和复工通知。

7 签发各类付款证书。

8 签发变更、索赔和违约有关文件。

9 签署工程项目施工质量等级评定意见。

10 要求承包人撤换不称职或不宜在本工程工作的现场施工人员或技术、管理人员。

11 签发监理月报、监理专题报告和监理工作报告。

12 参加合同工程完工验收、阶段验收和竣工验收。

★ 应开展的基础工作

（1）根据投标文件和合同文件要求，派驻承诺的总监理工程师和监理工程师到场履职。

（2）总监理工程师应根据法律法规要求，在监理项目开展工作。

（3）总监理工程师的在场时间，应满足合同文件要求。

第十四章

安全过程控制

● 违规行为标准条文

13. 未依照法律、法规和工程建设强制性标准（条文）实施监理。（严重）

◆ 法律、法规、规范性文件和技术标准要求

《水利标准化工作管理办法》（水利部水国科〔2022〕297号）

第三十九条 强制性标准必须执行，相关业务主管部门应履行强制性标准实施与监督管理职责。

《水利工程建设安全生产管理规定》（水利部令第50号，2019年修正）

第十四条 建设监理单位和监理人员应当按照法律、法规和工程建设强制性标准实施监理，并对水利工程建设安全生产承担监理责任。

建设监理单位应当审查施工组织设计中的安全技术措施或者专项施工方案是否符合工程建设强制性标准。

建设监理单位在实施监理过程中，发现存在生产安全事故隐患的，应当要求施工单位整改；对情况严重的，应当要求施工单位暂时停止施工，并及时向水行政主管部门、流域管理机构或者其委托的安全生产监督机构以及项目法人报告。

《水利工程建设标准强制性条文管理办法（试行）》（水利部水国科〔2012〕546号）

第五条 水利工程建设项目管理、勘测、设计、施工、监理、检测、运行以及质量监督等工作必须执行强制性条文。

第十三条 各级水行政主管部门应负责强制性条文的实施管理，工程建设各方应严格执行强制性条文。

第十五条 项目法人依据法律法规、强制性条文组织工程建设，不得明示或者暗示设计单位或施工单位违反强制性条文，并对工程建设质量负责。

第十八条 监理单位必须按照强制性条文、设计文件和建设工程承包合同，对施工质量、安全实施监理，并对工程施工质量承担相关责任。

第十九条 检测单位必须按照强制性条文开展检测工作，并对其出具的检测成果质量承担相关责任。

《水利工程施工监理规范》（SL 288—2014）

4.3.7 工程建设标准强制性条文（水利工程部分）符合性审核制度。监理机构在审

核施工组织设计、施工措施计划、专项施工方案、安全技术措施、度汛方案和灾害应急预案等文件时,应对其与工程建设标准强制性条文(水利工程部分)的符合性进行审核。

6.2.3 监理机构应按照《工程建设标准强制性条文(水利工程部分)》、有关技术标准和施工合同约定,对施工质量及与质量活动相关的人员、原材料、中间产品、工程设备、施工设备、工艺方法和施工环境等质量要素进行监督和控制。

★ 应开展的基础工作

(1) 项目进场后,针对项目工程建设情况,识别与本项目建设相适宜的法律、法规和工程建设强制性标准(条文),并及时更新。

(2) 组织本项目所有人员,针对识别出的法律、法规和工程建设强制性标准(条文)进行集体学习,并制作成册发放至全体监理人员,领取人签字确认。

● 违规行为标准条文

14. 监理规划内容未包括安全监理方案,未明确安全监理范围、内容、制度和措施,以及人员配备计划和职责。(一般)

◆ 法律、法规、规范性文件和技术标准要求

《水利水电工程施工安全管理导则》(SL 721—2015)

7.3.12 监理单位应编制危险性较大的单项工程监理规划和实施细则,制定工作流程、方法和措施。

《水利工程施工监理规范》(SL 288—2014)

6.5.3 监理机构编制的监理规划应包括安全监理方案,明确安全监理的范围、内容、制度和措施,以及人员配备计划和职责。监理机构对中型及以上项目、危险性较大的分部工程或单元工程应编制安全监理实施细则,明确安全监理的方法、措施和控制要点,以及对承包人安全技术措施的检查方案。

附录 B 监理实施细则编制要点及主要内容

B.2.3 施工现场临时用电和达到一定规模的基坑支护与降水工程、土方和石方开挖工程、模板工程、起重吊装工程、脚手架工程、爆破工程、围堰工程和其他危险性较大的工程应编制安全监理实施细则,安全监理实施细则应包括下列内容:

1 适用范围。
2 编制依据。
3 施工安全特点。
4 安全监理工作内容和控制要点。
5 安全监理的方法和措施。

6　安全检查记录和报表格式。

★　应开展的基础工作

（1）项目进场后，识别建设项目存在的风险隐患，识别项目存在的危险性较大的分部分项工程，识别超过一定规模的基坑支护与降水工程、土方和石方开挖工程、模板工程、起重吊装工程、脚手架工程、爆破工程、围堰工程和其他危险性较大的工程和临时用电工程等。

（2）施工单位应编制相应的施工专项方案，需要时开展论证。

（3）编制安全监理方案，根据单项工程特点，明确安全监理范围、内容，明确相应的管理制度和措施，明确单项工程的专职管理人员及职责。相应的人员应对专项方案进行学习，形成学习记录保存备查。

（4）定期组织专项方案的学习，根据现场施工进度，及时更新学习计划和内容。

● 违规行为标准条文

15．未组织设计单位等进行现场设计交底，或未经总监理工程师签字的施工图用于施工。（一般）

◆ 法律、法规、规范性文件和技术标准要求

《水利工程施工监理规范》（SL 288—2014）

3.3.3　水利工程施工监理实行总监理工程师负责制。总监理工程师应负责全面履行监理合同中约定的监理单位的义务，主要职责应包括下列各项：

8　主持或授权监理工程师主持设计交底；组织核查并签发施工图纸。

5.2.3　监理机构应参加、主持或与发包人联合主持召开设计交底会议，由设计单位进行设计文件的技术交底。

5.2.4　施工图纸的核查与签发应符合下列规定：

1　工程施工所需的施工图纸，应经监理机构核查并签发后，承包人方可用于施工。承包人无图纸施工或按照未经监理机构签发的施工图纸施工，监理机构有权责令其停工、返工或拆除，有权拒绝计量和签发付款证书。

2　监理机构应在收到发包人提供的施工图纸后及时核查并签发。在施工图纸核查过程中监理机构可征求承包人的意见，必要时提请发包人组织有关专家会审。监理机构不得修改施工图纸，对核查过程中发现的问题，应通过发包人返回设代机构处理。

3　对承包人提供的施工图纸，监理机构应按施工合同约定进行核查，在规定的期限内签发。对核查过程中发现的问题，监理机构应通知承包人修改后重新报审。

4　经核查的施工图纸应由总监理工程师签发，并加盖监理机构章。

★ 应开展的基础工作

（1）监理单位进场后，组织各单位相关人员，及时召开设计交底专题会议，将各单位提出的问题进行汇总、记录，如实写入会议纪要当中。

（2）及时督促建设单位和设计单位发放施工图纸，并对施工图纸进行审核，而后由总监理工程师逐页签字确认，并加盖监理机构章，发放至施工单位，由施工单位签收，如实填写签收数量和日期。

（3）监理单位收到图纸后，禁止在未经监理人员审核和签字确认的情况下，发放给施工单位。监理单位应同时做好图纸发放记录，详细写明图纸编号、数量、签收人和签收时间。

● 违规行为标准条文

16. 未对危险性较大的单项工程编制安全监理实施细则，或未执行监理实施细则。（一般）

◆ 法律、法规、规范性文件和技术标准要求

《水利工程施工监理规范》（SL 288—2014）

6.5.3 监理机构编制的监理规划应包括安全监理方案，明确安全监理的范围、内容、制度和措施，以及人员配备计划和职责。监理机构对中型及以上项目、危险性较大的分部工程或单元工程应编制安全监理实施细则，明确安全监理的方法、措施和控制要点，以及对承包人安全技术措施的检查方案。

附录B 监理实施细则编制要点及主要内容

B.2.3 施工现场临时用电和达到一定规模的基坑支护与降水工程、土方和石方开挖工程、模板工程、起重吊装工程、脚手架工程、爆破工程、围堰工程和其他危险性较大的工程应编制安全监理实施细则，安全监理实施细则应包括下列内容：

1 适用范围。
2 编制依据。
3 施工安全特点。
4 安全监理工作内容和控制要点。
5 安全监理的方法和措施。
6 安全检查记录和报表格式。

《水利水电工程施工安全管理导则》（SL 721—2015）

7.3.11 危险性较大的单项工程完成后，监理单位或施工单位应组织有关人员进行验收。验收合格的，经施工单位技术负责人及总监理工程师签字后，方可进行后续工程

施工。

7.3.12 监理单位应编制危险性较大的单项工程监理规划和实施细则，制定工作流程、方法和措施。

★ 应开展的基础工作

（1）项目建设开工前，监理应独自识别出本项目存在的危险性较大的单项工程，并编制专项安全监理实施细则，报建设单位审批、备案。

（2）监理单位应组织专题会议，学习经批复的安全监理实施细则，相关人员应在会议签到表或学习记录上签字。

（3）总监理工程师或相关人员，应定期开展对安全监理实施过程的监督检查工作，及时纠偏。

● 违规行为标准条文

17. 未审查施工组织设计中的安全技术措施或者专项施工方案是否符合工程建设强制性标准（条文）。（一般）

◆ 法律、法规、规范性文件和技术标准要求

《水利标准化工作管理办法》（水利部水国科〔2022〕297号）

第三十九条 强制性标准必须执行，相关业务主管部门应履行强制性标准实施与监督管理职责。

《建设工程安全生产管理条例》（国务院令第393号）

第十四条 工程监理单位应当审查施工组织设计中的安全技术措施或者专项施工方案是否符合工程建设强制性标准。

工程监理单位在实施监理过程中，发现存在安全事故隐患的，应当要求施工单位整改；情况严重的，应当要求施工单位暂时停止施工，并及时报告建设单位。施工单位拒不整改或者不停止施工的，工程监理单位应当及时向有关主管部门报告。

工程监理单位和监理工程师应当按照法律、法规和工程建设强制性标准实施监理，并对建设工程安全生产承担监理责任。

《水利工程建设标准强制性条文管理办法（试行）》（水利部水国科〔2012〕546号）

第十三条 各级水行政主管部门应负责强制性条文的实施管理，工程建设各方应严格执行强制性条文。

第十八条 监理单位必须按照强制性条文、设计文件和建设工程承包合同，对施工质量、安全实施监理，并对工程施工质量承担相关责任。

《水利工程建设安全生产管理规定》（水利部令第 50 号，2019 年修正）

第十四条　建设监理单位和监理人员应当按照法律、法规和工程建设强制性标准实施监理，并对水利工程建设安全生产承担监理责任。

建设监理单位应当审查施工组织设计中的安全技术措施或者专项施工方案是否符合工程建设强制性标准。

建设监理单位在实施监理过程中，发现存在生产安全事故隐患的，应当要求施工单位整改；对情况严重的，应当要求施工单位暂时停止施工，并及时向水行政主管部门、流域管理机构或者其委托的安全生产监督机构以及项目法人报告。

《水利工程施工监理规范》（SL 288—2014）

4.3.7　工程建设标准强制性条文（水利工程部分）符合性审核制度。监理机构在审核施工组织设计、施工措施计划、专项施工方案、安全技术措施、度汛方案和灾害应急预案等文件时，应对其与工程建设标准强制性条文（水利工程部分）的符合性进行审核。

6.2.3　监理机构应按照《工程建设标准强制性条文（水利工程部分）》、有关技术标准和施工合同约定，对施工质量及与质量活动相关的人员、原材料、中间产品、工程设备、施工设备、工艺方法和施工环境等质量要素进行监督和控制。

★　应开展的基础工作

（1）项目进场后，监理单位应识别最新的《工程建设标准强制性条文》，并组织项目全体监理人员开展学习，做好学习记录，相关人员应在专题会议签到表或学习记录上签字。

（2）依据最新版本的《工程建设标准强制性条文》对施工组织设计中的安全技术措施或者专项施工方案的强制性条文执行情况进行审核，如有不符合，应在写明不符合条款项后，发回编制单位修改。

● 违规行为标准条文

18. 发现安全事故隐患未及时要求施工单位整改或者暂时停止施工。（严重）

◆ 法律、法规、规范性文件和技术标准要求

《建设工程安全生产管理条例》（国务院令第 393 号）

第十四条　工程监理单位应当审查施工组织设计中的安全技术措施或者专项施工方案是否符合工程建设强制性标准。

工程监理单位在实施监理过程中，发现存在安全事故隐患的，应当要求施工单位整改；情况严重的，应当要求施工单位暂时停止施工，并及时报告建设单位。施工单位拒不整改或者不停止施工的，工程监理单位应当及时向有关主管部门报告。

工程监理单位和监理工程师应当按照法律、法规和工程建设强制性标准实施监理,并对建设工程安全生产承担监理责任。

《水利工程建设安全生产管理规定》(水利部令第 50 号,2019 年修正)

第十四条 建设监理单位和监理人员应当按照法律、法规和工程建设强制性标准实施监理,并对水利工程建设安全生产承担监理责任。

建设监理单位应当审查施工组织设计中的安全技术措施或者专项施工方案是否符合工程建设强制性标准。

建设监理单位在实施监理过程中,发现存在生产安全事故隐患的,应当要求施工单位整改;对情况严重的,应当要求施工单位暂时停止施工,并及时向水行政主管部门、流域管理机构或者其委托的安全生产监督机构以及项目法人报告。

《水利工程施工监理规范》(SL 288—2014)

6.3.5 监理机构在签发暂停施工指示时,应遵守下列规定:

1 在发生下列情况之一时,监理机构应提出暂停施工的建议,报发包人同意后签发暂停施工指示:

1) 工程继续施工将会对第三者或社会公共利益造成损害。

2) 为了保证工程质量、安全所必要。

3) 承包人发生合同约定的违约行为,且在合同约定时间内未按监理机构指示纠正其违约行为,或拒不执行监理机构的指示,从而将对工程质量、安全、进度和资金控制产生严重影响,需要停工整改。

2 监理机构认为发生了应暂停施工的紧急事件时,应立即签发暂停施工指示,并及时向发包人报告。

3 在发生下列情况之一时,监理机构可签发暂停施工指示,并抄送发包人:

1) 发包人要求暂停施工。

2) 承包人未经许可即进行主体工程施工时,改正这一行为所需要的局部停工。

3) 承包人未按照批准的施工图纸进行施工时,改正这一行为所需要的局部停工。

4) 承包人拒绝执行监理机构的指示,可能出现工程质量问题或造成安全事故隐患,改正这一行为所需要的局部停工。

5) 承包人未按照批准的施工组织设计或施工措施计划施工,或承包人的人员不能胜任作业要求,可能会出现工程质量问题或存在安全事故隐患,改正这些行为所需要的局部停工。

6) 发现承包人所使用的施工设备、原材料或中间产品不合格,或发现工程设备不合格,或发现影响后续施工的不合格的单元工程(工序),处理这些问题所需要的局部停工。

4 监理机构应分析停工后可能产生影响的范围和程度,确定暂停施工的范围。

6.3.6 发生 6.3.5 条 1 款暂停施工情形时,发包人在收到监理机构提出的暂停施工建议后,应在施工合同约定时间内予以答复;若发包人逾期未答复,则视为其已同意,监理机构可据此下达暂停施工指示。

《安全生产事故隐患排查治理暂行规定》（安监总局令第16号，2007年）

第十六条　生产经营单位在事故隐患治理过程中，应当采取相应的安全防范措施，防止事故发生。事故隐患排除前或者排除过程中无法保证安全的，应当从危险区域内撤出作业人员，并疏散可能危及的其他人员，设置警戒标志，暂时停产停业或者停止使用；对暂时难以停产或者停止使用的相关生产储存装置、设施、设备，应当加强维护和保养，防止事故发生。

★ 应开展的基础工作

（1）项目监理发现施工单位在现场存在安全事故隐患后，应立即口头通知施工单位现场负责人，立即对安全事故隐患进行整改。

（2）在具备条件后，监理单位应开具隐患整改通知单，由施工单位负责人签字确认。隐患整改通知单应注明隐患存在的部位、整改要求和整改时限，限期整改。施工单位在隐患整改完毕后，应由监理单位验收完毕后方可进行下步施工。

（3）施工单位拒不整改或整改不到位的，监理单位应下达停工通知，停工通知可将隐患整改通知单作为附件。待施工单位整改完毕，且由监理单位验收合格后，方可进行后续施工。

（4）相关隐患的整改情况，可组织建设、设计等单位共同验收。

● 违规行为标准条文

19. 施工单位拒不整改或者不停止施工，未及时向有关主管部门报告。（严重）

◆ 法律、法规、规范性文件和技术标准要求

《建设工程安全生产管理条例》（国务院令第393号）

第十四条　工程监理单位应当审查施工组织设计中的安全技术措施或者专项施工方案是否符合工程建设强制性标准。

工程监理单位在实施监理过程中，发现存在安全事故隐患的，应当要求施工单位整改；情况严重的，应当要求施工单位暂时停止施工，并及时报告建设单位。施工单位拒不整改或者不停止施工的，工程监理单位应当及时向有关主管部门报告。

工程监理单位和监理工程师应当按照法律、法规和工程建设强制性标准实施监理，并对建设工程安全生产承担监理责任。

《水利工程建设安全生产管理规定》（水利部令第50号，2019年修正）

第十四条　建设监理单位和监理人员应当按照法律、法规和工程建设强制性标准实施监理，并对水利工程建设安全生产承担监理责任。

建设监理单位应当审查施工组织设计中的安全技术措施或者专项施工方案是否符合工程建设强制性标准。

建设监理单位在实施监理过程中，发现存在生产安全事故隐患的，应当要求施工单位整改；对情况严重的，应当要求施工单位暂时停止施工，并及时向水行政主管部门、流域管理机构或者其委托的安全生产监督机构以及项目法人报告。

★ 应开展的基础工作

（1）监理单位下达整改通知单或停工令后，应委派专人对施工队整改通知或停工令的执行情况进行专项检查落实。

（2）若施工单位违反整改通知或停工令，监理单位在留存相关影像证据的情况下，形成专题报告报建设单位等上级部门，并在监理日志等文件中留存相关证据。

● 违规行为标准条文

20. 未检查施工单位项目部是否按规定配备专职安全生产管理人员；未检查施工单位项目负责人和专职安全生产管理人员是否按规定持有效的安全生产考核合格证书；未检查特种（设备）作业人员是否持有效证件上岗作业。（一般）

◆ 法律、法规、规范性文件和技术标准要求

《水利工程施工监理规范》（SL 288—2014）

6.5.4 监理机构应按照相关规定核查承包人的安全生产管理机构，以及安全生产管理人员的安全资格证书和特种作业人员的特种作业操作资格证书，并检查安全生产教育培训情况。

★ 应开展的基础工作

（1）监理单位应在施工单位进场后，根据施工单位投标文件及施工单位下发的成立施工项目的文件原件，复核进场人员是否同投标文件相符合。

（2）在对施工单位进场人员复核完毕后，对相关人员证件进行审核，应采用线上验证、网站查询等方式，对人员证件的真伪进行有效验证，并做好记录。

（3）验证相关人员证件有效期，如有过期，应要求施工单位更新。

● 违规行为标准条文

21. 未检查是否有施工组织设计施工；危险性较大的单项工程是否有专项施工方案；超过一定规模的危险性较大单项工程的专项施工方案是否按规定组织专家论证、审查擅自施工；是否按批准的专项施工方案组织实施；需要验收的危险性较大的单项工程是否经验收合格转入后续工程施工。（一般）

◆ 法律、法规、规范性文件和技术标准要求

《水利工程施工监理规范》(SL 288—2014)

4.3.1 技术文件核查、审核和审批制度。根据施工合同约定由发包人或承包人提供的施工图纸、技术文件以及承包人提交的开工申请、施工组织设计、施工措施计划、施工进度计划、专项施工方案、安全技术措施、度汛方案和灾害应急预案等文件，均应经监理机构核查、审核或审批后方可实施。

《建设工程安全生产管理条例》(国务院令第393号)

第二十六条 施工单位应当在施工组织设计中编制安全技术措施和施工现场临时用电方案，对下列达到一定规模的危险性较大的分部分项工程编制专项施工方案，并附具安全验算结果，经施工单位技术负责人、总监理工程师签字后实施，由专职安全生产管理人员进行现场监督：

（一）基坑支护与降水工程；

（二）土方开挖工程；

（三）模板工程；

（四）起重吊装工程；

（五）脚手架工程；

（六）拆除、爆破工程；

（七）国务院建设行政主管部门或者其他有关部门规定的其他危险性较大的工程。

对前款所列工程中涉及深基坑、地下暗挖工程、高大模板工程的专项施工方案，施工单位还应当组织专家进行论证、审查。

本条第一款规定的达到一定规模的危险性较大工程的标准，由国务院建设行政主管部门会同国务院其他有关部门制定。

《水利水电工程施工安全管理导则》(SL 721—2015)

7.3.3 专项施工方案应由施工单位技术负责人组织施工技术、安全、质量等部门的专业技术人员进行审核。经审核合格的，应由施工单位技术负责人签字确认。实行分包的，应由总承包单位和分包单位技术负责人共同签字确认。

无需专家论证的专项施工方案，经施工单位审核合格后应报监理单位，由项目总监理工程师审核签字，并报项目法人备案。

7.3.4 超过一定规模的危险性较大的单项工程专项施工方案应由施工单位组织召开审查论证会。审查论证会应有下列人员参加：

1 专家组成员；

2 项目法人单位负责人或技术负责人；

3 监理单位总监理工程师及相关人员；

4 施工单位分管安全的负责人、技术负责人、项目负责人、项目技术负责人、专项施工方案编制人员、项目专职安全生产管理人员；

5 勘察、设计单位项目技术负责人及相关人员等。

7.3.7 审查论证会应就下列主要内容进行审查论证，并提交论证报告。审查论证报告应对审查论证的内容提出明确的意见，并经专家组成员签字。

1 专项施工方案是否完整、可行，质量、安全标准是否符合工程建设标准强制性条文规定；

2 设计计算书是否符合有关标准规定；

3 施工的基本条件是否符合现场实际等。

7.3.8 施工单位应根据审查论证报告修改完善专项施工方案，经施工单位技术负责人、总监理工程师、项目法人单位负责人审核签字后，方可组织实施。

7.3.11 危险性较大的单项工程完成后，监理单位或施工单位应组织有关人员进行验收。验收合格的，经施工单位技术负责人及总监理工程师签字后，方可进行后续工程施工。

7.3.12 监理单位应编制危险性较大的单项工程监理规划和实施细则，制定工作流程、方法和措施。

★ 应开展的基础工作

（1）识别建设工程项目存在的危险性较大的分部分项工程和超过一定规模的危险性较大的单项工程，督促施工单位及时编制专项施工方案，需要论证的，及时组织开展专家论证，并督促施工单位根据论证意见，修改专项施工方案。

（2）监理单位根据批复后的施工方案，组织开展由施工单位、监理单位等相关单位人员进行集体学习，并留存学习记录或会议签到表。

（3）根据项目实际情况，编制符合要求的监理规划和实施细则，在得到批复后，制定详细的工作流程、旁站巡视方法和具体措施。

（4）针对危险性较大的分部分项工程和超过一定规模的危险性较大的单项工程，监理单位应委派专人对现场施工情况进行巡视或旁站，做好相关的巡视旁站记录。如施工单位未按照相关专项施工方案进行施工，则要求立即整改，必要时可要求施工单位停工。

（5）监理单位按照批复的危险性较大的单项工程施工方案，对满足验收要求的单项工程进行工序或节点验收，做好验收记录，填写联合验收记录。

● 违规行为标准条文

22. 未检查施工工厂区、施工（建设）管理及生活区、危险化学品仓库是否布置在洪水、雪崩、滑坡、泥石流、塌方及危石等危险区域。（一般）

◆ 法律、法规、规范性文件和技术标准要求

《水利水电工程施工组织设计规范》（SL 303—2017）

7.2.7 对于存在严重不良地质区或滑坡体危害的地区，泥石流、山洪、沙暴或雪崩

可能危害的地区，重点保护文物、古迹、名胜区或自然保护区，与重要资源开发有干扰的区域，以及受爆破或其他因素影响严重的区域等地区，不应设置施工临建设施。

《水利水电工程施工通用安全技术规程》（SL 398—2007）
3.2.2 生产、生活、办公区和危险化学品仓库的布置，应遵守下列规定：
1 与工程施工顺序和施工方法相适应。
2 选址地质稳定，不受洪水、滑坡、泥石流、塌方及危石等威胁。
3 交通道路畅通，区域道路宜避免与施工主干线交叉。
4 生产车间，生活、办公房屋，仓库的间距应符合防火安全要求。
5 危险化学品仓库应远离其他区布置。

★ 应开展的基础工作

（1）监理单位应对施工单位的临建方案进行审批。

（2）监理单位对施工单位临建的建设过程应进行日常巡视，确保施工单位的临时施工工区、生活办公区等建筑物与危险化学品仓库的间距符合相关要求。

（3）监理单位应对临建周边的地质情况有所了解，了解项目建设单位和设计单位对临时建筑物布置的相关要求。应避开洪水、雪崩、滑坡、泥石流、塌方及危石等危险区域。

● 违规行为标准条文

23. 未检查宿舍、办公用房、厨房操作间、易燃易爆危险品库等消防重点部位安全距离是否符合要求并采取有效防护措施；宿舍、办公用房、厨房操作间、易燃易爆危险品库等建筑构件的燃烧性能等级是否达到A级；宿舍、办公用房采用金属夹芯板材时，其芯材的燃烧性能等级是否达到A级。（一般）

◆ 法律、法规、规范性文件和技术标准要求

《水利水电工程施工通用安全技术规程》（SL 398—2007）
3.2.5 生产区仓库、堆料场布置应符合下列要求：
1 单独设置并靠近所服务的对象区域，进出交通畅通。
2 存放易燃、易爆、有毒等危险物品的仓储场所应符合有关安全的要求。
3 应有消防通道和消防设施。

3.5.5 宿舍、办公室、休息室内严禁存放易燃易爆物品，未经许可不得使用电炉。利用电热的车间、办公室及住室，电热设施应有专人负责管理。

3.10.7 施工现场的下列场所应列为治安保卫的重点要害部位，建设单位与施工单位应按照责任分工，制定并落实防范方案和措施：
1 储存易燃易爆、放射性、剧毒等危险物品的仓库。

2 供电、供水、供气、通信等枢纽场所。
3 存放重要勘察、设计图纸、资料的部位。
4 放置贵重物品、永久设备的仓库和关键施工部位。
5 对工程有重大影响的施工工序或施工环节。
6 重要的运输道路、桥梁和隧洞。

《建设工程施工现场消防安全技术规范》（GB 50720—2011）

4.2.1 宿舍、办公用房的防火设计应符合下列规定：

1 建筑构件的燃烧性能等级应为 A 级。当采用金属夹芯板材时，其芯材的燃烧性能等级应为 A 级。
2 建筑层数不应超过 3 层，每层建筑面积不应大于 300m^2。
3 层数为 3 层或每层建筑面积大于 200m^2 时，应设置至少 2 部疏散楼梯，房间疏散门至疏散楼梯的最大距离不应大于 25m。
4 单面布置用房时疏散走道的净宽度不应小于 1.0m，双面布置用房时疏散走道的净宽度不应小于 1.5m。
5 疏散楼梯的净宽度不应小于疏散走道的净宽度。
6 宿舍房间的建筑面积不应大于 30m^2，其他房间的建筑面积不宜大于 100m^2。
7 房间内任一点至最近疏散门的距离不应大于 15m，房门的净宽度不应小于 0.8m；房间建筑面积超过 50m^2 时，房门的净宽度不应小于 1.2m。
8 隔墙应从楼地面基层隔断至顶板基层底面。

★ 应开展的基础工作

（1）监理单位审核施工单位临建布置方案时，重点对宿舍、办公用房、厨房操作间、易燃易爆危险品库等消防重点部位的布置进行严格审查。施工单位在临建施工时，加强现场巡视，如发现未按照临建布置方案施工时，及时予以纠正或停工。

（2）监理单位对施工单位临建施工材料，应进行审核，对所有建筑材料的材质证明进行审核。如有不符合要求的材料，禁止其使用到工程建设中。

● 违规行为标准条文

24. 未检查围堰是否符合规范和设计要求；围堰位移及渗流量超过设计要求，是否采取有效管控措施。（一般）

◆ 法律、法规、规范性文件和技术标准要求

《水利水电工程施工组织设计规范》（SL 303—2017）

2.4.20 不过水围堰堰顶高程和堰顶安全加高值应符合下列规定：

1 堰顶高程应不低于设计洪水的静水位与波浪高度及堰顶安全加高值之和,其堰顶安全加高应不低于表 2.4.20 的规定值。

2 土石围堰防渗体顶部在设计洪水静水位以上的加高值:斜墙式防渗体为 0.8～0.6m;心墙式防渗体为 0.6～0.3m。3 级土石围堰的防渗体顶部应预留完工后的沉降超高。

3 考虑涌浪或折冲水流影响,当下游有支流顶托时,应组合各种流量顶托情况,校核围堰堰顶高程。

4 形成冰塞、冰坝的河流应考虑其造成的壅水高度。

表 2.4.20　　　　　　不过水围堰堰顶安全加高下限值　　　　　　单位:m

围 堰 型 式	围 堰 级 别	
	3 级	4～5 级
土石围堰	0.7	0.5
混凝土围堰、浆砌石围堰	0.4	0.3

《水利水电工程围堰设计规范》(SL 645—2013)

6.2.6 土石围堰的堰体结构应符合下列要求:

1 3 级土石围堰碾压部位堰体压实指标可参照 SL 274 的有关规定取值,4 级和 5 级土石围堰可适当降低。

2 围堰堰体采用土料防渗时,堰体防渗土料与堰壳之间应设置反滤层,必要时设置过渡层。反滤料宜优先选用天然级配砂砾料一次铺成。

3 围堰堰体采用复合土工膜防渗时,防渗结构宜包括复合土工膜两侧垫层。复合土工膜的设置应符合 GB 50290 的有关规定。

4 围堰堰体采用混凝土防渗墙和高压喷射灌浆等防渗型式时,防渗体应符合 SL 174 和 DL/T 5200 的有关规定。

5 堰体防渗体与堰基及岸坡应形成封闭防渗体系。

6.2.7 混凝土围堰的堰体结构应符合下列要求:

1 横缝间距应根据地形地质条件、堰体布置、堰体断面尺寸、温度应力和施工条件等因素确定。横缝间距宜为 15～25m,碾压混凝土围堰横缝间距可放宽。

2 重力式围堰和拱形围堰的混凝土强度、抗渗、抗冻等性能指标的选择,堰体廊道、止水及排水的设置,可分别参照 SL 319 和 SL 282 的有关规定。

《水利工程建设项目生产安全重大事故隐患清单指南(2023 版)》(水利部办监督〔2023〕273 号)

根据国务院安委会办公室关于进一步完善隧道工程重大事故隐患判定工作的要求,结合水利行业实际情况,水利部监督司组织对《水利工程生产安全重大事故隐患清单指南(2021 年版)》进行修订,形成了《水利工程生产安全重大事故隐患清单指南(2023 年版)》。现印发给你单位,请遵照执行。

附件1： 水利工程建设项目生产安全重大事故隐患清单指南

序号	类别	管理环节	隐患编号	隐患内容
5	临时工程	围堰工程	SJ－J005	围堰不符合规范和设计要求；围堰位移及渗流量超过设计要求，且无有效管控措施

★ 应开展的基础工作

（1）监理单位应认真审核施工单位的围堰专项施工方案，针对围堰施工过程进行例行旁站和巡视，并做好巡视检查记录。

（2）监理单位应做好围堰的日常巡视检查记录，对施工单位的围堰安全检查和测量记录进行检查，做好检查记录。发现围堰测量记录出现异常数值或围堰本体出现异常情况，及时要求施工单位采取措施进行维稳加固，必要时联系设计、建设单位共同解决。

● 违规行为标准条文

25. 未检查施工现场专用的电源中性点直接接地的低压配电系统是否采用TN－S接零保护系统；发电机组电源是否与其他电源互相闭锁，并列运行；外电线路的安全距离不符合规范要求时是否按规定采取防护措施。（一般）

◆ 法律、法规、规范性文件和技术标准要求

《施工现场临时用电安全技术规范》（JGJ 46—2005）

1.0.3 建筑施工现场临时用电工程专用的电源中性点直接接地的220/380V三相四线制低压电力系统，必须符合下列规定：

1 采用三级配电系统；
2 采用TN-S接零保护系统；
3 采用二级漏电保护系统。

《建设工程施工现场供用电安全规范》（GB 50194—2014）

4.0.4 发电机组电源必须与其他电源互相闭锁，严禁并列运行。

7.5.3 施工现场道路设施等与外电架空线路的最小距离应符合表7.5.3的规定。

表7.5.3　　施工现场道理设施等与外电架空线路的最小距离（m）

类别	距离	外电线路电压等级		
		10kV及以下	220kV及以下	500kV及以下
施工道路与外电架空线路	跨越道路时距路面最小垂直距离	7.0	8.0	14.0
	沿道路边敷设时距离路沿最小水平距离	0.5	5.0	8.0

续表

类 别	距 离	外电线路电压等级		
		10kV 及以下	220kV 及以下	500kV 及以下
临时建筑物与外电架空线路	最小垂直距离	5.0	8.0	14.0
	最小水平距离	4.0	5.0	8.0
在建工程脚手架与外电架空线路	小水平距离	7.0	10.0	15.0
各类施工机械外缘与外电架空线路最小距离		2.0	6.0	8.5

7.5.4 当施工现场道路设施等与外电架空线路的最小距离达不到本规范第7.5.3条中的规定时，应采取隔离防护措施，防护设施的搭设和拆除应符合下列规定：

1 架设防护设施时，应采用线路暂时停电或其他可靠的安全技术措施，并应有电气专业技术人员和专职安全人员监护；

2 防护设施与外电架空线路之间的安全距离不应小于表7.5.4所列数值；

表 7.5.4　　　　防护设施与外电架空线路之间的最小安全距离（m）

外电架空线路电压等级（kV）	≤10	35	110	220	330	500
防护设施与外电架空线路之间的最小安全距离	2.0	3.5	4.0	5.0	6.0	7.0

3 防护设施应坚固、稳定，且对外电架空线路的隔离防护等级不应低于本规范附录A外壳防护等级（IP代码）IP2X；

4 应悬挂醒目的警告标识。

7.5.5 当本规范第7.5.4条规定的防护措施无法实现时，应采取停电、迁移外电架空线路或改变工程位置等措施，未采取上述措施的不得施工。

《水利工程建设项目生产安全重大事故隐患清单指南（2023版）》（水利部办监督〔2023〕273号）

根据国务院安委会办公室关于进一步完善隧道工程重大事故隐患判定工作的要求，结合水利行业实际情况，水利部监督司组织对《水利工程生产安全重大事故隐患清单指南（2021年版）》进行修订，形成了《水利工程生产安全重大事故隐患清单指南（2023年版）》。现印发给你单位，请遵照执行。

附件1：　　　　水利工程建设项目生产安全重大事故隐患清单指南

序号	类别	管理环节	隐患编号	隐 患 内 容
6	专项工程	临时用电	SJ-J006	施工现场专用的电源中性点直接接地的低压配电系统未采用TN-S接零保护系统；发电机组电源未与其他电源互相闭锁，并列运行；外电线路的安全距离不符合规范要求且未按规定采取防护措施

★ 应开展的基础工作

（1）监理单位应对施工单位的临时用电专项方案进行审核，如实写明审核意见。

（2）监理单位应对施工单位临时用电施工的材料进行进场验证，确保施工单位使用的材料符合国家规范要求。

（3）监理单位应加强日常施工时临电系统的巡视和专项检查，发现问题及时下达整改通知单或以其他书面方式要求责任单位进行整改，必要时要求责任单位停工整改。

（4）外电线路架设的安全距离不符合要求时，应根据施工情况，要求责任单位采取相应防护措施后，方可继续施工。监理单位应加强日常巡视，确保防护设施起到应有作用。

● 违规行为标准条文

26. 未检查达到或超过一定规模的作业脚手架和支撑脚手架的立杆基础承载力是否符合专项施工方案的要求，是否有明显沉降；立杆是否采用搭接（作业脚手架顶步距除外）；是否按专项施工方案设置连墙件。（一般）

◆ 法律、法规、规范性文件和技术标准要求

《水利水电工程施工通用安全技术规程》（SL 398—2007）

5.3.3 脚手架基础应牢固，禁止将脚手架固定在不牢固的建筑物或其他不稳定的物件之上，在楼面或其他建筑物上搭设脚手架时，均应验算承重部位的结构强度。

5.3.16 钢管脚手架的立杆，应垂直稳放在金属底座或垫木上。

《施工脚手架通用规范》（GB 55023—2022）

4.1.3 脚手架地基应符合下列规定：
1 应平整坚实，应满足承载力和变形要求；
2 应设置排水措施，搭设场地不应积水；
3 冬期施工应采取防冻胀措施。

★ 应开展的基础工作

（1）监理单位应对施工单位脚手架搭设方案进行审核。脚手架搭设施工时，监理单位应加强日常巡视和监督检查。搭设完毕后，应联合对脚手架进行验收，验收合格后，挂"准予使用"牌，方可使用。"准予使用"牌应写明脚手架搭设的主要人员、搭设时间段、验收日期、验收人员等内容。

（2）脚手架在使用过程中，监理单位应定期巡视检查，并形成记录。

（3）遇有偶然较大荷载变化、6级以上大风、强降水、基础冻融、停工超过1个月、

脚手架部分拆除等特殊情况后，应重新验收。

● 违规行为标准条文

27. 未检查爬模、滑模和翻模施工脱模或混凝土承重模板拆除时，混凝土强度是否达到规定值。（一般）

◆ 法律、法规、规范性文件和技术标准要求

《混凝土结构工程施工规范》（GB 50666—2011）

4.5.1 模板拆除时，可采取先支的后拆、后支的先拆，先拆非承重模板、后拆承重模板的顺序，并应从上而下进行拆除。

4.5.2 底模及支架应在混凝土强度达到设计要求后再拆除；当设计无具体要求时，同条件养护的混凝土立方体试件抗压强度应符合表4.5.2的规定。

表 4.5.2　　　　　　　　底模拆除时的混凝土强度要求

构件类型	构件跨度（m）	达到设计混凝土强度等级值的百分率（%）
板	≤2	≥50
板	>2，≤8	≥75
板	>8	≥100
梁、拱、壳	≤8	≥75
梁、拱、壳	>8	≥100
悬臂结构		≥100

4.5.3 当混凝土强度能保证其表面及棱角不受损伤时，方可拆除侧模。

4.5.4 多个楼层间连续支模的底层支架拆除时间，应根据连续支模的楼层间荷载分配和混凝土强度的增长情况确定。

4.5.5 快拆支架体系的支架立杆间距不应大于2m。拆模时，应保留立杆并顶托支承楼板，拆模时的混凝土强度可按本规范表4.5.2中构件跨度为2m的规定确定。

《水工混凝土施工规范》（SL 677—2014）

3.6.1 拆除模板的期限，应遵守下列规定：

1 不承重的侧面模板，混凝土强度达到2.5MPa以上，保证其表面及棱角不因拆模而损坏时，方可拆除。

2 钢筋混凝土结构的承重模板，混凝土达到下列强度后（按混凝土设计强度标准值的百分率计），方可拆除。

1）悬臂板、梁：跨度 l ≤2m，75%；跨度 l >2m，100%。

2）其他梁、板、拱：跨度 l ≤2m，50%；2m<跨度 l ≤8m，75%；跨度 l >8m，100%。

★ 应开展的基础工作

(1) 特殊混凝土结构施工时,应编专项施工方案,专项施工方案须由监理单位审核通过后,方可按照施工方案进行施工。

(2) 专项施工方案应明确爬模、滑模和翻模施工及承重模板施工的支撑结构施工,混凝土模板拆除条件等。

(3) 根据施工内容不同,分别依据规范要求的混凝土强度达成百分率作为初始依据,而后根据同期养护混凝土试件强度检测报告,做拆模最终依据。

(4) 同期养护试件强度检测报告,监理单位应留存复印件。

● 违规行为标准条文

28. 未检查运输、使用、保管和处置雷管炸药等危险物品是否符合安全要求。(一般)

◆ 法律、法规、规范性文件和技术标准要求

《中华人民共和国安全生产法》(主席令第八十八号,2021年修正)

第一百条 未经依法批准,擅自生产、经营、运输、储存、使用危险物品或者处置废弃危险物品的,依照有关危险物品安全管理的法律、行政法规的规定予以处罚;构成犯罪的,依照刑法有关规定追究刑事责任。

《爆破安全规程》(GB 6722—2014)

14.1.1.1 爆破器材应办理审批手续后持证购买,并按指定线路运输。

14.1.1.2 爆破器材运达目的地后,收货单位应指派专人领取,认真检查爆破器材的包装、数量和质量;如果包装破损、数量与质量不符,应立即报告有关部门,并在有关代表参加下编制报告书,分送有关部门。

14.1.1.3 运输爆破器材应使用专用车船。

《水利水电工程施工通用安全技术规程》(SL 398—2007)

5.1.12 危险作业场所、机动车道交叉路口、易燃易爆有毒危险物品存放场所、库房、变配电场所以及禁止烟火场所等应设置相应的禁止、指示、警示标志。

★ 应开展的基础工作

(1) 监理单位依据建设项目实际情况,识别建设项目将使用到的危险物品,根据危险物品类别,编制专项方案,并审核施工单位上报的专项施工方案。

(2) 依据国家法律和相关规范要求,对相应危险物品的运输、使用、保管和处置,开展专项检查和巡视,做好相关记录。

（3）对于危险物品的运输、使用、保管和处置，监理单位应根据监理项目的专项监理方案或工作规划，开展监督和巡视，并做好相关检查记录和巡视记录。

● 违规行为标准条文

29. 未检查起重机械是否配备荷载、变幅等指示装置和荷载、力矩、高度、行程等限位、限制及连锁装置；同一作业区两台及以上起重设备运行是否制定防碰撞方案；隧洞竖（斜）井或沉井、人工挖孔桩井载人（货）提升机械是否设置安全装置，安全装置是否灵敏。（一般）

◆ 法律、法规、规范性文件和技术标准要求

《水利水电工程施工安全防护设施技术规范》（SL 714—2015）

3.10.10 载人提升机械应设置下列安全装置，并保持灵敏可靠：

1 上限位装置（上限位开关）。
2 上极限限位装置（越程开关）。
3 下限位装置（下限位开关）。
4 断绳保护装置。
5 限速保护装置。
6 超载保护装置。

4.2.4 起重机械安装运行应符合下列规定：

1 起重机械应配备荷载、变幅等指示装置和荷载、力矩、高度、行程等限位、限制及连锁装置。

5.3.4 采用正井法施工应符合下列规定：

1 井壁应设待避安全洞或移动式安全棚。
2 竖井上口应设可靠的工作平台，斜井下部设置挡渣栏。
3 提升机械设置可靠的限位装置、限速装置、断绳保护装置和稳定吊斗装置。

《建筑起重机械安全监督管理规定》（建设部令第166号，2008年）

第二十一条 施工总承包单位应当履行下列安全职责：

（一）向安装单位提供拟安装设备位置的基础施工资料，确保建筑起重机械进场安装、拆卸所需的施工条件；

（二）审核建筑起重机械的特种设备制造许可证、产品合格证、制造监督检验证明、备案证明等文件；

（三）审核安装单位、使用单位的资质证书、安全生产许可证和特种作业人员的特种作业操作资格证书；

（四）审核安装单位制定的建筑起重机械安装、拆卸工程专项施工方案和生产安全事故应急救援预案；

（五）审核使用单位制定的建筑起重机械生产安全事故应急救援预案；

（六）指定专职安全生产管理人员监督检查建筑起重机械安装、拆卸、使用情况；

（七）施工现场有多台塔式起重机作业时，应当组织制定并实施防止塔式起重机相互碰撞的安全措施。

《建筑机械使用安全技术规程》（JGJ 33—2012）

4 建筑起重机械

4.4 塔式起重机

4.4.22 当同一施工地点有两台以上塔式起重机并可能互相干涉时，应制定群塔作业方案；两台塔式起重机之间的最小架设距离应保证处于低位塔式起重机的起重臂端部与另一台塔式起重机的塔身之间至少有 2m 的距离；处于高位塔式起重机的最低位置的部件（吊钩升至最高点或平衡重的最低部位）与低位塔式起重机中处于最高位置部件之间的垂直距离不应小于 2m。

★ 应开展的基础工作

（1）监理单位应根据施工单位施工组织设计，对进场各类施工设备进行核查，对设备的出厂合格证明材料、检验、率定证书等相关材料进行核查和准予使用（或不准予进场使用）的批复。

（2）设备安装完毕后，监理单位应对安装完成的设备的安装、校核、率定、检验等技术性鉴定文件进行核查和备案。

（3）同一作业区域有两台及以上起重设备共同施工作业时，应制定专项施工方案。专项施工方案应由监理单位审核完毕，得到准予使用的批复后，施工单位方可开展施工。专项方案中应根据法律和规范要求，制定专项防碰撞的方案，并应有相应的应急预案，应急预案应进行演练。

（4）隧洞竖（斜）井或沉井、人工挖孔桩应编制专项施工方案。监理单位依据专项方案审核相应的设备是否符合规范要求、是否经过鉴定。施工单位得到准予使用的批复后，仍应定期进行鉴定，并及时上报更新后的鉴定证书。

● 违规行为标准条文

30. 未检查大中型水利水电工程金属结构施工采用临时钢梁、龙门架、天锚起吊闸门、钢管前，是否对其结构和吊点进行设计计算、履行审批审查验收手续，是否进行相应的负荷试验；闸门、钢管上的吊耳板、焊缝是否经检查检测和强度验算投入使用。（一般）

◆ 法律、法规、规范性文件和技术标准要求

《水利水电工程金属结构制作与安装安全技术规程》（SL/T 780—2020）

6.1.5 闸门上的临时吊耳应经验算；临时吊耳、爬梯应焊接牢固，经检查确认合格

后方可使用。

6.3.3 大件吊装作业应符合下列规定：

1 大件吊装应编制专项安全技术方案，超过一定规模时应经专家评审；专项方案应经审批、交底后实施。

2 吊装作业应有统一指挥，操作人员对信号不明确时，严禁随意操作。

3 闸门上的吊耳、悬挂爬梯应经过专门的设计验算，并经审批检查验收，确认合格后方可使用。

4 采用临时钢梁、龙门架、天锚起吊闸门前，应对其结构和吊点进行设计计算，履行正常审查、验收手续，并进行负荷试验。

5 起吊大件或不规则的重物应拴挂牵引绳。

6 部件起吊离地面 0.1m 时，应停机检查绳扣、吊具和吊装设备的可靠性，观察周围有无障碍物；上下起落 2~3 次，确认无问题后，方可继续起吊；已吊起的部件作水平移动时，应使其高出最高障碍物 0.5m。

9.3.1 钢管吊装应符合下列规定：

1 起吊前应先清理起吊地点及运行通道上的障碍物，并在工作区域设置安全标志，通知无关人员避让，作业人员应选择恰当的位置及随物护送的路线。

2 钢管吊运时，应计算其重心位置，确认吊点位置。钢起吊前应先试吊，确认可靠后方可正式起吊。

3 吊运时如发现捆绑松动或吊装工具发生异常响声，应立即停车进行检查。

4 钢管翻转时应先放好旧轮胎或木板等垫物，作业人员应站在重物倾斜方向的对面。翻转时应采取措施防止冲击。

5 小直径钢管的吊装，应将钢丝缠绕钢管一圈后锁紧，或焊上经过计算和检查合格的专用吊耳起吊，不得用钢丝绳兜钢管内壁起吊。

6 大型钢管抬吊时，应有专人指挥，多人监控，且信号明确清晰。

★ 应开展的基础工作

（1）监理单位应识别建设工程中的金属结构施工内容，依据规范规程要求，要求施工单位及时完成专项施工方案的编制。必要时，对专项施工方案进行专家论证，并根据专家论证意见，修改完善专项施工方案。

（2）监理单位应编制专项施工方案的监理工作计划和监督巡视计划，根据工作计划开展相关工作。

● 违规行为标准条文

31. 未检查断层、裂隙、破碎带等不良地质构造的高边坡，是否按设计要求及时采取支护措施或未经验收合格即进行下一梯段施工；深基坑土方开挖放坡坡度是否满足其稳定性要求，是否采取加固措施。（一般）

法律、法规、规范性文件和技术标准要求

《水利水电工程土建施工安全技术规程》(SL 399—2007)

3.4.9 高边坡作业时应遵守下列规定:

1 高边坡施工搭设的脚手架、排架平台等应符合设计要求,满足施工负荷,操作平台应满铺牢固,临空边缘应设置挡脚板,并应经验收合格后,方可投入使用。

2 上下层垂直交叉作业的中间应设有隔离防护棚或者将作业时间错开,并应有专人监护。

3 高边坡开挖每梯段开挖完成后,应进行一次安全处理。

4 对断层、裂隙、破碎带等不良地质构造的高边坡,应按设计要求及时采取锚喷或加固等支护措施。

5 在高边坡底部、基坑施工作业上方边坡上应设置安全防护措施。

6 高边坡施工时应有专人定期检查,并应对边坡稳定进行监测。

7 高边坡开挖应边开挖、边支护,确保边坡稳定和施工安全。

12.3.8 土方开挖应遵守下列规定:

1 土方开挖应根据施工组织设计或开挖方案进行,开挖应自上而下进行。严禁先挖坡脚。

2 开挖放坡坡度应满足其稳定性要求。开挖深度超过1.5m时,应根据图纸和深度情况按规定放坡或加可靠支撑,并设置人员上下坡道或爬梯,爬梯两侧应用密目网封闭。当深基坑施工中形成立体交叉时,应合理布局基位、人员、运输通道,并设置防止落物伤害的保护层。

3 坑(槽)沟边1m以内不应堆土、堆料,不应停放机械。

4 基坑开挖深度大于相邻建筑的基础深度时,应保持一定距离或采取边坡支撑加固措施,并进行沉降和移位观测。

5 施工中如发现古墓、地下管道或不能辨认的物品时,应停止施工,保护现场,并立即报告施工负责人。

6 挖土机作业的边坡应验算其稳定性,当不能满足时,应采取加固措施;在停机作业面以下挖土应选用反铲或拉铲作业,当使用正铲作业时,挖掘深度应严格按其说明书规定进行。有支撑的基坑使用机械挖掘时,应防止作业中碰撞支撑。

7 配合挖土机作业的人员,应在其作业半径以外工作,当挖土机停止回转并制动后,方可进入作业半径内工作。

8 开挖至坑底标高后,应及时进行下道工序基础工程施工,减少暴露时间,如不能立即进行下道工序施工,应预留300mm厚的覆盖层。

9 从事爆破工程设计、施工的企业应取得相关资质证书,按照批准的可经营范围并严格遵照爆破作业的相关规定进行。

★ 应开展的基础工作

（1）监理单位组织施工、设计单位在相关部位施工前，应根据设计技术文件要求，对施工部位的地质情况进行复核。复核完毕后，根据施工情况和规范文件要求，编制专项监理工作计划。

（2）审核施工单位的专项施工方案或经专家论证后专项施工方案，并根据施工方案编制监理工作计划。

（3）根据监理工作计划，开展工作。监理人员应做好日常巡视检查记录，对检测数据，做好收集、汇总和分析工作。

● 违规行为标准条文

32. 未检查遇到下列九种情况之一，是否按有关规定及时进行地质预报并采取措施：1. 隧洞出现围岩不断掉块，洞室内灰尘突然增多，喷层表面开裂，支撑变形或连续发出声响。2. 围岩沿结构面或顺裂隙错位、裂缝加宽、位移速率加大。3. 出现片帮、岩爆或严重鼓胀变形。4. 出现涌水、涌水量增大、涌水突然变浑浊、涌沙。5. 干燥岩质洞段突然出现地下水流，渗水点位置突然变化，破碎带水流活动加剧，土质洞段含水量明显增大或土的形状明显软化。6. 洞温突然发生变化，洞内突然出现冷空气对流。7. 钻孔时，钻进速度突然加快且钻孔回水消失，经常发生卡钻。8. 岩石隧洞掘进机或盾构机发生卡机或掘进参数、掘进载荷、掘进速度发生急剧的异常变化。9. 突然出现刺激性气味。（一般）

◆ 法律、法规、规范性文件和技术标准要求

《水利水电工程施工地质规程》（SL/T 313—2021）

5.5.1 遇到下列情况时，应及时进行地质预报，并对其产生的原因、性质和可能危害作出分析判断：

1 围岩不断掉块，洞室内灰尘突然增多，喷层表面开裂，支撑变形或连续发出声响。

2 围岩沿结构面或顺裂缝错位、裂缝加宽、位移速率加大。

3 出现片帮、岩爆或严重鼓胀变形。

4 出现涌水、涌水量增大、涌水突然变浑浊、涌沙。

5 干燥岩质洞段突然出现地下水流，渗水点位置突然变化，破碎带水流活动加剧，土质洞段含水量明显增大或土的性状明显软化。

6 洞温突然发生变化，洞内突然出现冷空气对流。

7 钻孔时，钻进速度突然加快且钻孔回水消失，经常发生卡钻。

8 岩石隧洞掘进机或盾构机发生卡机或掘进参数、掘进载荷、掘进速度发生急剧的异常变化。

9　突然出现刺激性气味。

★ 应开展的基础工作

（1）监理单位应加强特殊地质施工面的日常巡视和检查，必要时开展旁站监督工作。
（2）根据现场人员体感反馈和仪器检测数据，及时对施工变化情况做出预报预警。

● 违规行为标准条文

33. 未检查断层及破碎带、缓倾角节理密集带、岩溶发育、地下水丰富及膨胀岩体地段和高地应力区等不良地质条件洞段开挖，是否根据地质预报，针对其性质和特殊的地质问题，制定专项保证安全施工的工程措施。（一般）

◆ 法律、法规、规范性文件和技术标准要求

《水工建筑物地下开挖工程施工规范》（SL 378—2007）
5.8.1　断层及破碎带、缓倾角节理密集带、岩溶发育、地下水丰富及膨胀岩体地段和高地应力区等不良地质条件洞段开挖，应根据地质预报，针对其性质和特殊的地质问题，制定专项保证安全施工的工程措施。

★ 应开展的基础工作

（1）监理单位应加强特殊地质施工面的日常巡视和检查，必要时开展旁站监督工作。
（2）根据现场人员体感反馈和仪器检测数据，及时对施工变化情况做出预报预警。

● 违规行为标准条文

34. 未检查隧洞Ⅳ类、Ⅴ类围岩开挖后，支护是否紧跟掌子面。（一般）

◆ 法律、法规、规范性文件和技术标准要求

《水利水电工程施工安全防护设施技术规范》（SL 714—2015）
5.3.2　洞内施工应符合下列规定：
1　在松散、软弱、破碎、多水等不良地质条件下进行施工对洞顶、洞壁应采用锚喷、预应力锚索、钢木构架或混凝土衬砌等围岩支护措施。
2　在地质构造复杂、地下水丰富的危险地段和洞室关键地段，应根据围岩监测系统设计和技术要求，设置收敛计、测缝计、轴力计等监测仪器。
3　进洞深度大于洞径5倍时，应采取机械通风措施，送风能力必须满足施工人员正

常呼吸需要 [$3m^3/(人·min)$]，并能满足冲淡、排除爆炸施工产生的烟尘需要。

4 凿岩钻孔必须采用湿式作业。

5 设有爆破后降尘喷雾洒水设施。

6 洞内使用内燃机施工设备，应配有废气净化装置，不得使用汽油发动机施工设备。

7 洞内地面保持平整、不积水，洞壁下边缘应设排水沟。

8 应定期检测洞内粉尘、噪声、有毒气体。

9 开挖支护距离：Ⅱ类围岩支护滞后开挖10～15m，Ⅲ类围岩支护滞后开挖5～10m，Ⅳ类、Ⅴ类围岩支护紧跟掌子面。

10 相向开挖的两个工作面相距30m放炮时，双方人员均应撤离工作面。相距15m时，应停止一方工作，单向开挖贯通。

11 水平或垂直相邻的两个工作面相距30m放炮时，双方人员均应撤离工作面。相距15m时，应停止一方工作。

12 爆破作业后，应安排专人负责及时清理洞内掌子面、洞顶及周边的危石。遇到有害气体、地热、放射性物质时，必须采取专门措施并设置报警装置。

★ 应开展的基础工作

（1）监理单位应加强特殊地质施工面的日常巡视和检查，必要时开展旁站监督工作。

（2）监理单位在该类工作面进行日常巡视时，应要求施工单位根据施工组织设计和专项施工方案进行施工。如发现施工单位未按施工组织设计和专项施工方案施工，应及时要求相关人员进行纠正，必要时直接下达停工通知。

● 违规行为标准条文

35. 未检查洞室施工过程中，是否对洞内有毒有害气体进行检测、监测；有毒有害气体达到或超过规定标准时，是否采取有效措施。（一般）

◆ 法律、法规、规范性文件和技术标准要求

《水利水电工程施工安全防护设施技术规范》（SL 714—2015）

5.3.2 洞内施工应符合下列规定：

3 进洞深度大于洞径5倍时，应采取机械通风措施，送风能力必须满足施工人员正常呼吸需要 [$3m^3/(人·min)$]，并能满足冲淡、排除爆炸施工产生的烟尘需要。

8 应定期检测洞内粉尘、噪声、有毒气体。

12 爆破作业后，应安排专人负责及时清理洞内掌子面、洞顶及周边的危石。遇到有害气体、地热、放射性物质时，必须采取专门措施并设置报警装置。

★ 应开展的基础工作

（1）监理单位应加强特殊地质施工面的日常巡视和检查，必要时开展旁站监督工作。

（2）监理单位在该类工作面进行日常巡视时，应要求施工单位根据施工组织设计和专项施工方案进行施工。如发现施工单位未按施工组织设计和专项施工方案施工，应及时要求相关人员进行纠正，必要时直接下达停工通知。

● 违规行为标准条文

36. 未检查蜗壳、机坑里衬安装时，搭设的施工平台（组装）投入使用前是否进行验收；在机坑中进行电焊、气割作业（如水机室、定子组装、上下机架组装）时，是否设置隔离防护平台或铺设防火布，现场是否配备消防器材。（一般）

◆ 法律、法规、规范性文件和技术标准要求

《水利水电工程机电设备安装安全技术规程》（SL 400—2016）

3.2 施工现场安全防护

3.2.8 施工现场脚手架和作业平台搭设应制定专项方案，经审批后方可实施。脚手架和作业平台搭设完成后，应经验收合格后方可使用，并悬挂标示牌。脚手架、平台拆除时，在拆除物坠落范围的外侧应设有安全围栏与醒目的安全警示标志，现场应设专人监护。

3.4 施工现场消防

3.4.1 施工现场消防安全管理应符合下列规定：

1 安装现场消防宜采用分级管理，严格落实动火申报审批制度。使用明火或进行电（气）焊作业时，应办理相应动火工作票，并采取相应的防火措施。

2 施工现场应根据消防工作的要求，配备不同用途的消防器材和设施，并布置在明显和便于取用的地点。消防器材、设备附近不应堆放其他物品。

3 消防器材、设备应由专人负责管理，定期检查维护，做好检查记录，保持消防器材的完整有效。

5.4 蜗壳安装

5.4.4 制作、安装施工平台，应先编制施工方案，并经批准后实施。施工平台组装后，应经相关部门检查验收，合格后方可使用。

5.4.5 在蜗壳内进行防腐、环氧灌浆或打磨作业时，应配备相应的照明、防火、防毒、通风及除尘等设施。

★ 应开展的基础工作

（1）蜗壳、机坑里衬安装前，监理单位应对施工单位专项施工方案进行审核，重点对施工平台的搭设和组装进行审核验证。施工过程中，监理单位应加强现场巡视，并做好巡视记录。施工平台搭设完成后，监理单位应根据施工方案进行验收，验收合格后，挂"准予使用"牌，方可进行施工。

（2）现场应配置相应消防器材，监理单位应对消防器材配置的数量和有效期进行核查，并做好相关记录。

● 违规行为标准条文

37. 未检查水上作业是否按规定设置必要的安全作业区或警戒区；水上作业施工船舶施工安全工作条件不符合船舶使用说明书和设备状况，是否停止施工；挖泥船的实际工作条件大于《疏浚与吹填工程技术规范》（SL 17—2014）表 5.7.9 中所列数值，是否停止施工。（一般）

◆ 法律、法规、规范性文件和技术标准要求

《中华人民共和国水上水下作业和活动通航安全管理规定》（交通运输部令第 24 号，2021 年）

第五条　在管辖海域内进行下列施工作业，应当经海事管理机构许可，并核定相应安全作业区：

（一）勘探，港外采掘、爆破；

（二）构筑、维修、拆除水上水下构筑物或者设施；

（三）航道建设、疏浚（航道养护疏浚除外）作业；

（四）打捞沉船沉物。

第六条　在内河通航水域或者岸线上进行下列水上水下作业或者活动，应当经海事管理机构许可，并根据需要核定相应安全作业区：

（一）勘探，港外采掘、爆破；

（二）构筑、设置、维修、拆除水上水下构筑物或者设施；

（三）架设桥梁、索道；

（四）铺设、检修、拆除水上水下电缆或者管道；

（五）设置系船浮筒、浮趸、缆桩等设施；

（六）航道建设施工、码头前沿水域疏浚；

（七）举行大型群众性活动、体育比赛；

（八）打捞沉船沉物。

《疏浚与吹填工程技术规范》（SL 17—2014）

5.7.9 施工船舶应符合下列安全要求：

1 施工船舶必须具有海事、船检部门核发的各类有效证书。

2 施工船舶应按海事部门确定的安全要求，设置必要的安全作业区或警戒区，并设置符合有关规定的标志，以及在明显处昼夜显示规定的号灯、号型。

3 施工船舶严禁超载航行。

4 施工船舶在汛期施工时，应制定汛期施工和安全度汛措施；在严寒封冻地区施工时，应制定船体及排泥管线防冰冻、防冰凌及防滑等冬季施工安全措施。

5 挖泥船的安全工作条件应根据船舶使用说明书和设备状况确定，在缺乏资料时应按表5.7.9的规定执行。当实际工作条件大于表5.7.9中所列数值之一时，应停止施工。

表 5.7.9　　　　　　　　挖泥船对自然影响的适应情况表

船舶类型		风/级		浪高/m	纵向流速/(m/s)	雾（雪）/级
		内河	沿海			
绞吸式	>500m³/h	6	5	0.6	1.6	2
	200～500m³/h	5	4	0.4	1.5	2
	<200m³/h	5	不适合	0.4	1.2	2
链斗式	750m³/h	6	6	1.0	2.5	2
	<750m³/h	5	不适合	0.8	1.8	2
铲斗式	斗容>4m³	6	5	0.6	2.0	2
	斗容≤4m³	6	5	0.6	1.5	2
抓斗式	斗容>4m³	6	5	0.6～1.0	2.0	2
	斗容≤4m³	5	5	0.4～0.8	1.5	2
拖轮拖带泥驳	>294kW	6	5～6	0.8	1.5	3
	≤294kW	6	不适合	0.8	1.3	3

★ 应开展的基础工作

（1）水上作业时，监理单位应审核施工单位编制的专项施工方案，并根据施工方案编制监理工作计划，根据工作计划，开展日常巡视检查。

（2）对施工单位进场设备进行进场验收，检查进场设备的合格证明材料和检定合格证明。不符合施工要求的设备严禁进场使用。

（3）对挖泥船的工作数据进行检测。根据规范要求，挖泥船的工作条件超过规范允许值时，应要求其立即停止施工，必要时下达停工令。

（4）要求施工单位对船员和其他施工人员开展教育培训。所有船员必须经过严格培训和学习，熟悉安全操作规程，船舶设备操作与维护规程；熟悉船舶各类信号的意义并能正确发布各类信号；熟悉并掌握应急部署和应急工器具的使用。定期对管理人员和一般作业人员进行安全生产教育培训。向所有进场施工的作业人员进行全面的安全技术交底，所有作业人员必须严格执行安全操作技术规程。监理单位对相关培训做好监督检查，必要时监理单位参加并讲解相应的安全规程。

● 违规行为标准条文

38. 有度汛要求的建设项目，未检查是否按规定制定度汛方案和超标准洪水应急预案；工程进度不满足度汛要求时是否制定和采取相应措施；位于自然地面或河水位以下的隧洞进出口是否按施工期防洪标准设置围堰或预留岩坎。（一般）

◆ 法律、法规、规范性文件和技术标准要求

《水利工程施工监理规范》（SL 288—2014）

4.3.1 技术文件核查、审核和审批制度。根据施工合同约定由发包人或承包人提供的施工图纸、技术文件以及承包人提交的开工申请、施工组织设计、施工措施计划、施工进度计划、专项施工方案、安全技术措施、度汛方案和灾害应急预案等文件，均应经监理机构核查、审核或审批后方可实施。

《水利工程建设安全生产管理规定》（水利部令第 50 号，2019 年修正）

第二十一条 施工单位在建设有度汛要求的水利工程时，应当根据项目法人编制的工程度汛方案、措施制定相应的度汛方案，报项目法人批准；涉及防汛调度或者影响其他工程、设施度汛安全的，由项目法人报有管辖权的防汛指挥机构批准。

《水利水电工程施工通用安全技术规程》（SL 398—2007）

3.7.1 建设单位应组织成立施工、设计、监理等单位参加的工程防汛机构，负责工程安全度汛工作。应组织制定度汛方案及超标准洪水的度汛预案。

《水利水电工程施工安全防护设施技术规范》（SL 714—2015）

3.13 季节施工

3.13.7 施工单位应按设计要求和现场施工情况编制度汛措施和应急处置方案，报监理审批，成立防汛抢险队伍，配置足够的防汛抢险物资，随时做好防汛抢险准备工作。

《水利水电工程施工安全管理导则》（SL 721—2015）

7.5.5 施工单位应根据批准的度汛方案和超标准洪水应急预案，制订防汛度汛及抢险措施，报项目法人批准，并按批准的措施落实防汛抢险队伍和防汛器材、设备等物资准备工作，做好汛期值班，保证汛情、工情、险情信息渠道畅通。

《水工建筑物地下开挖工程施工规范》（SL 378—2007）

5.2.6 位于河水位以下的隧洞进、出口，应按施工期防洪标准设置围堰或预留岩坎，在围堰或岩坎保护下进行开挖。需要采用岩塞爆破方法形成洞口时，应进行专门

论证。

★ 应开展的基础工作

（1）监理单位根据施工项目情况，要求施工单位按时上报度汛方案和超标洪水应急预案。监理单位应对上报的方案进行审核，并对度汛物资的储备和备用情况进行现场核查，做好核查记录。

（2）监理单位应对施工进度进行督促，严格执行施工进度计划，如有不满足度汛要求时，及时调整施工进度计划，并采取相应措施应对汛期可能出现的情况。

（3）位于河水位以下的隧洞施工，应编制专项施工方案，必要时组织进行专家论证。监督施工单位施工时，必须严格按照经过论证的专项施工方案进行施工，按照防洪标准设置围堰或预留岩坎。

● 违规行为标准条文

39. 未检查氨压机车间控制盘柜与氨压机是否隔离布置；是否设置、配备固定式氨气报警仪和便携式氨气检测仪；是否设置应急疏散通道并明确标识。（一般）

◆ 法律、法规、规范性文件和技术标准要求

《水利水电工程施工安全防护设施技术规范》（SL 714—2015）
7.2　混凝土生产
7.2.1　制冷系统车间应符合下列规定：
1　车间应设为独立的建筑物，厂房建材应用二级耐火材料或阻燃材料，并设不少于2个的不相邻的出入口。
2　门窗向外开，墙的上、下部设有气窗。
3　配有满足使用要求的消防器材、专用防毒面具、急救药品和解毒饮料。
4　设备、管道、阀门、容器密封良好，有定期校验合格的安全阀和泄压排污装置。
5　设备与设备、设备与墙之间的距离应不小于1.5m，并设有巡视检查通道。
6　车间设备（设施）多层布置时，应设有上下连接通道扶梯。
7　氨压机车间还应符合下列规定：
1）控制盘柜与氨压机应分开隔离布置，并符合防火防爆要求。
2）所有照明、开关、取暖设施等应采用防爆电器。
3）设有固定式氨气报警仪。
4）配备有便携式氨气检测仪。
5）设置应急疏散通道并明确标识。

★ 应开展的基础工作

(1) 监理单位根据规范要求，对监理单位施工现场进行检查。检查施工的安全防护措施和警示标识是否设置合格。

(2) 监理单位应实地测量氨压机车间控制盘柜与氨压机是否进行了间隔布置。

(3) 检查现场和车间是否布置了固定式氨气报警仪，检查施工项目部的相关人员是否配备便携式氨气检测仪。监理单位还应检查相关仪器的合格证和率定证书，必要时，进行现场检测仪器是否正常工作。

● 违规行为标准条文

40. 未检查排架、井架、施工电梯、大坝廊道、隧洞等出入口和上部有施工作业的通道，是否按规定设置防护棚。（一般）

◆ 法律、法规、规范性文件和技术标准要求

《水利水电工程施工安全防护设施技术规范》（SL 714—2015）

3.3 通道

3.3.6 排架、井架、施工用电梯、大坝廊道、隧洞等出入口和上部有施工作业的通道，应设有防护棚，其长度应超过可能坠落范围，宽度不应小于通道的宽度。当可能坠落的高度超过24m时，应设双层防护棚。

★ 应开展的基础工作

(1) 监理单位应审核施工单位的施工组织设计和专项施工方案，并对方案中不符合项，要求施工单位加以修改和完善。

(2) 监理单位应加强日常巡视和检查，确保施工单位按照方案要求进行施工。

(3) 施工完毕后，对现场防护措施进行实地检查，确保其符合施工方案要求。

(4) 加强日常巡视检查，发现防护措施有损坏，及时要求施工单位进行修复，确保其发挥正常功效。

● 违规行为标准条文

41. 未检查混凝土（水泥土、水泥稳定土）拌和机、TBM及盾构设备刀盘检、维修时是否切断电源，开关箱是否上锁，是否有人监管。（一般）

◆ 法律、法规、规范性文件和技术标准要求

《水利水电工程施工安全管理导则》（SL 721—2015）

9.2.6 施工单位应制订设施设备检维修计划，检维修前应制订包含作业行为分析和控制措施的方案，检维修过程中应采取隐患控制措施，并监督实施。

安全设施设备不得随意拆除、挪用或弃置不用；确因检查维修拆除的，应采取临时安全措施，检查维修完毕后立即复原。

检维修结束后应组织验收，合格后方可投入使用，并做好维修保养记录。

9.2.7 施工起重机械、缆机等大型施工设备达到国家规定的检验检测期限的，必须经具有专业资质的检验检测机构检测。经检测不合格的，不得继续使用。相邻起重机械等大型施工设备应按规定保持防冲撞安全距离。

★ 应开展的基础工作

（1）监理单位应对施工单位进场的机械设备，按照进场报验单进行现场审核，检查进场设备是否同报验设备相符，检查进场设备的合格证明材料和机械设备本身编号是否相符。

（2）对施工单位的机械设备做好设备台账，设备达到鉴定要求时，督促施工单位按照法规要求，定期进行检验、率定。

（3）检验率定前，应监督施工单位做好人员安全教育和技术交底记录。

（4）设备检定时，监理单位应要求施工单位做好安全防护措施，做好现场防护措施，相关措施应经过监理单位的现场检查。

（5）设备检修、维修时，监理单位应做好日常巡视记录。发现有安全隐患时，要求施工单位及时整改，必要时可下达停工通知。

● 违规行为标准条文

42. 未检查施工单位作业人员进入新的岗位或者新的施工现场前的安全生产教育培训情况，未检查上岗人员是否考核合格。（一般）

◆ 法律、法规、规范性文件和技术标准要求

《中华人民共和国安全生产法》（主席令第八十八号，2021年修正）

第二十八条 生产经营单位应当对从业人员进行安全生产教育和培训，保证从业人员具备必要的安全生产知识，熟悉有关的安全生产规章制度和安全操作规程，掌握本岗位的安全操作技能，了解事故应急处理措施，知悉自身在安全生产方面的权利和义务。未经安全生产教育和培训合格的从业人员，不得上岗作业。

生产经营单位使用被派遣劳动者的，应当将被派遣劳动者纳入本单位从业人员统一管理，对被派遣劳动者进行岗位安全操作规程和安全操作技能的教育和培训。劳务派遣单位应当对被派遣劳动者进行必要的安全生产教育和培训。

生产经营单位接收中等职业学校、高等学校学生实习的，应当对实习学生进行相应的安全生产教育和培训，提供必要的劳动防护用品。学校应当协助生产经营单位对实习学生进行安全生产教育和培训。

生产经营单位应当建立安全生产教育和培训档案，如实记录安全生产教育和培训的时间、内容、参加人员以及考核结果等情况。

《中华人民共和国建筑法》（主席令第二十九号，2019年修正）

第四十六条 建筑施工企业应当建立健全劳动安全生产教育培训制度，加强对职工安全生产的教育培训；未经安全生产教育培训的人员，不得上岗作业。

《水利工程施工监理规范》（SL 288—2014）

6.5.4 监理机构应按照相关规定核查承包人的安全生产管理机构，以及安全生产管理人员的安全资格证书和特种作业人员的特种作业操作资格证书，并检查安全生产教育培训情况。

《水利工程建设安全生产管理规定》（水利部令第50号，2019年修正）

第二十五条 施工单位的主要负责人、项目负责人、专职安全生产管理人员应当经水行政主管部门安全生产考核合格后方可任职。

施工单位应当对管理人员和作业人员每年至少进行一次安全生产教育培训，其教育培训情况记入个人工作档案。安全生产教育培训考核不合格的人员，不得上岗。

施工单位在采用新技术、新工艺、新设备、新材料时，应当对作业人员进行相应的安全生产教育培训。

《水利水电工程施工安全管理导则》（SL 721—2015）

8.1.2 各参建单位应定期对从业人员进行安全生产教育和培训，保证从业人员具备必要的安全生产知识，熟悉安全生产有关法律、法规、规章、制度和标准，掌握本岗位的安全操作技能。

8.1.3 各参建单位每年至少应对管理人员和作业人员进行一次安全生产教育培训，并经考试确认其能力符合岗位要求，其教育培训情况记入个人工作档案。

安全生产教育培训考核不合格的人员，不得上岗。

8.2.1 各参建单位的现场主要负责人和安全生产管理人员应接受安全教育培训，具备与其所从事的生产经营活动相应的安全生产知识和管理能力。

8.2.6 其他参建单位主要负责人和安全生产管理人员初次安全生产教育培训时间不得少于32学时。每年接受再教育时间不得少于12学时。

8.3.4 其他参建单位新上岗的从业人员，岗前教育培训时间不得少于24学时，以后每年接受教育培训的时间不得少于8学时。

★ 应开展的基础工作

(1) 监理单位根据法律和规范要求，对施工单位开展的教育培训情况进行监督。项目进场初期，要求施工单位上报总体和年度教育培训计划，并根据教育培训计划，对施工单位教育培训计划的落实情况开展监督检查。

(2) 监理单位应同施工单位的技术负责人加强沟通，督促技术负责人落实教育培训计划，督促其开展针对性培训。除按照教育培训计划开展培训外，应针对国家新颁布的法律法规和重点文件，开展学习培训。必要时，监理单位可组织施工单位相关人员开展培训。

● 违规行为标准条文

43. 未监督施工单位是否将列入合同的安全措施费用按照合同约定专项使用。（一般）

◆ 法律、法规、规范性文件和技术标准要求

《水利工程建设安全生产管理规定》（水利部令第 50 号，2019 年修正）

第八条 项目法人不得削减或挪用批准概算中所确定的水利工程建设有关安全作业环境及安全施工措施等所需费用。工程承包合同中应当明确安全作业环境及安全施工措施所需费用。

《水利水电工程施工安全管理导则》（SL 721—2015）

6.1.3 项目法人在工程承包合同中明确安全生产所需费用、支付计划、使用要求、调整方式等。

6.2.2 项目法人、施工单位安全生产费用管理制度应明确安全费用使用、管理的程序、职责及权限等，施工单位应按规定及时、足额使用安全生产费用。

6.2.4 施工单位应在开工前编制安全生产费用使用计划，经监理单位审核，报项目法人同意后执行。

《水利工程建设安全生产管理规定》（水利部令第 50 号，2019 年修正）

第十九条 施工单位在工程报价中应当包含工程施工的安全作业环境及安全施工措施所需费用。对列入建设工程概算的上述费用，应当用于施工安全防护用具及设施的采购和更新、安全施工措施的落实、安全生产条件的改善，不得挪作他用。

《建设工程安全生产管理条例》（国务院令第 393 号）

第二十二条 施工单位对列入建设工程概算的安全作业环境及安全施工措施所需费用，应当用于施工安全防护用具及设施的采购和更新、安全施工措施的落实、安全生产条件的改善，不得挪作他用。

★ 应开展的基础工作

（1）监理单位应对施工单位落实安全生产费用情况进行检查，并在监理月报中反映监理及施工单位安全生产工作开展情况、工程现场安全状况和安全生产费用使用情况。

（2）监理单位应定期组织对施工单位（包括分包单位）安全专项费用使用情况进行检查。对存在的问题，监理单位应形成文字记录，要求相关单位进行整改。监理单位应对其整改情况进行审核，整改不及时或不到位，应再次督促其整改。

（3）针对施工单位的安全投入不到位、投入不足等问题，监理单位应有必要措施加以制约。

● 违规行为标准条文

44. 未检查特种设备是否按规定经有相应资质的检验检测机构检验合格后投入使用；未核查施工现场施工起重机械、整体提升脚手架和模板等自升式架设设施和安全设施的验收等手续。（一般）

◆ 法律、法规、规范性文件和技术标准要求

《中华人民共和国特种设备安全法》（主席令第四号，2013年）

第三十五条 特种设备使用单位应当建立特种设备安全技术档案。安全技术档案应当包括以下内容：

（一）特种设备的设计文件、产品质量合格证明、安装及使用维护保养说明、监督检验证明等相关技术资料和文件；

（二）特种设备的定期检验和定期自行检查记录；

（三）特种设备的日常使用状况记录；

（四）特种设备及其附属仪器仪表的维护保养记录；

（五）特种设备的运行故障和事故记录。

第三十九条 特种设备使用单位应当对其使用的特种设备进行经常性维护保养和定期自行检查，并作出记录。

特种设备使用单位应当对其使用的特种设备的安全附件、安全保护装置进行定期校验、检修，并作出记录。

《特种设备安全监察条例》（国务院令第549号，2009年修订）

第二十八条 特种设备使用单位应当按照安全技术规范的定期检验要求，在安全检验合格有效期届满前1个月向特种设备检验检测机构提出定期检验要求。

检验检测机构接到定期检验要求后，应当按照安全技术规范的要求及时进行安全性能检验和能效测试。

未经定期检验或者检验不合格的特种设备，不得继续使用。

《水利工程施工监理规范》（SL 288—2014）

6.2.7 施工设备的检查应符合下列规定：

1 监理机构应监督承包人按照施工合同约定安排施工设备及时进场，并对进场的施工设备及其合格性证明材料进行核查。在施工过程中，监理机构应监督承包人对施工设备及时进行补充、维修和维护，以满足施工需要。

2 旧施工设备（包括租赁的旧设备）应进行试运行，监理机构确认其符合使用要求和有关规定后方可投入使用。

3 监理机构发现承包人使用的施工设备影响施工质量、进度和安全时，应及时要求承包人增加、撤换。

★ 应开展的基础工作

（1）监理单位应根据施工单位上报的进场设备报验单，审查其进场设备是否与报验设备相符。对进场设备的合格证明材料和检测、率定证书等技术性文件进行审查，核查机械设备唯一编号是否和合格证、检测、率定证书相符。

（2）依据施工单位上报的专项施工方案，对施工起重机械、整体提升脚手架和模板等自升式架设设施进行验收，验收合格、投入使用后，督促施工单位将相关机械设备手续向地方有关单位进行备案。监理单位应核查施工单位的备案信息。

● 违规行为标准条文

45. 未检查施工单位从业人员劳动防护用品是否符合国家标准或者行业标准。（一般）

◆ 法律、法规、规范性文件和技术标准要求

《中华人民共和国安全生产法》（主席令第八十八号，2021年修正）

第四十五条 生产经营单位必须为从业人员提供符合国家标准或者行业标准的劳动防护用品，并监督、教育从业人员按照使用规则佩戴、使用。

《中华人民共和国劳动法》（主席令第二十五号，2018年修正）

第五十四条 用人单位必须为劳动者提供符合国家规定的劳动安全卫生条件和必要的劳动防护用品，对从事有职业危害作业的劳动者应当定期进行健康检查。

《水利水电工程施工安全防护设施技术规范》（SL 714—2015）

3.12 安全防护用品

3.12.1 施工生产使用的安全防护用品如安全帽、安全带、安全网等，应符合国家规定的质量标准，具有厂家安全生产许可证、产品合格证和安全鉴定合格证，否则不应采购、发放和使用。

3.12.2 安全防护用品应按规定要求正确使用，不应使用超过使用期限的安全防护用

具；常用安全防护用具应经常检查和定期实验，其检查实验的要求和周期应符合有关规定。

3.12.3 安全防护用具，严禁作其他工具使用，并应妥善保管，安全帽、安全带等应放在空气流通、干燥处。

★ 应开展的基础工作

（1）监理单位进场后，应在施工前的相关会议上，要求施工单位采购符合国家法规和行业标准的劳动防护用品，并在会议纪要上体现。

（2）施工单位每采购一个批次的劳动防护用品，监理单位应对相关用品的出厂合格证明材料和出厂检验、检测报告进行抽检，并留存复印件。必要时，可开展对相关劳动防护用品的复检。

● 违规行为标准条文

46. 未检查施工单位作业人员是否遵守安全施工强制性标准（条文）、规章制度和操作规程，正确使用安全防护用具、机械设备。（一般）

◆ 法律、法规、规范性文件和技术标准要求

《建设工程安全生产管理条例》（国务院令第393号）

第三十三条 作业人员应当遵守安全施工的强制性标准、规章制度和操作规程，正确使用安全防护用具、机械设备等。

★ 应开展的基础工作

（1）监理人员应熟悉施工强制性标准（条文），并检查作业人员是否严格遵守。

（2）监理单位应审核施工单位编制的岗位安全生产和职业健康操作规程，并审核其发放记录，相关操作规程应发放到相关岗位。

● 违规行为标准条文

47. 未检查重大危险源是否登记建档，进行定期检测、评估、监控，并制定应急预案，告知从业人员和相关人员在紧急情况下应当采取的应急措施。（一般）

◆ 法律、法规、规范性文件和技术标准要求

《中华人民共和国安全生产法》（主席令第八十八号，2021年修正）

第四十条 生产经营单位对重大危险源应当登记建档，进行定期检测、评估、监控，

并制定应急预案，告知从业人员和相关人员在紧急情况下应当采取的应急措施。

生产经营单位应当按照国家有关规定将本单位重大危险源及有关安全措施、应急措施报有关地方人民政府应急管理部门和有关部门备案。有关地方人民政府应急管理部门和有关部门应当通过相关信息系统实现信息共享。

第一百零一条 生产经营单位有下列行为之一的，责令限期改正，处十万元以下的罚款；逾期未改正的，责令停产停业整顿，并处十万元以上二十万元以下的罚款，对其直接负责的主管人员和其他直接责任人员处二万元以上五万元以下的罚款；构成犯罪的，依照刑法有关规定追究刑事责任：

（一）生产、经营、运输、储存、使用危险物品或者处置废弃危险物品，未建立专门安全管理制度、未采取可靠的安全措施的；

（二）对重大危险源未登记建档，未进行定期检测、评估、监控，未制定应急预案，或者未告知应急措施的；

（三）进行爆破、吊装、动火、临时用电以及国务院应急管理部门会同国务院有关部门规定的其他危险作业，未安排专门人员进行现场安全管理的；

（四）未建立安全风险分级管控制度或者未按照安全风险分级采取相应管控措施的；

（五）未建立事故隐患排查治理制度，或者重大事故隐患排查治理情况未按照规定报告的。

《水利水电工程施工危险源辨识与风险评价导则（试行）》（水利部办监督函〔2018〕1693号）

1.9 各单位应对危险源进行登记，其中重大危险源和风险等级为重大的一般危险源应建立专项档案，明确管理的责任部门和责任人。重大危险源应按有关规定报项目主管部门和有关部门备案。

★ 应开展的基础工作

（1）监理单位应针对项目建设实际情况，对施工单位识别出的重大危险源进行审核，对施工单位识别不到位、不准确的危险源进行纠正或补充。

（2）监理单位应审核施工单位针对重大危险源开展的应急预案编制、演练等工作。必要时，监理单位可抽查相关人员的应急职责，并做好记录。

（3）监理单位在必要时，可参加针对性的应急演练。

● 违规行为标准条文

48. 未检查施工单位是否在施工现场入口处、施工起重机械、临时用电设施、脚手架、出入通道口、楼梯口、电梯井口、孔洞口、桥梁口、隧道口、基坑边沿、爆破物及有害危险气体和液体存放处等危险部位，设置明显的安全警示标识。（一般）

◆ 法律、法规、规范性文件和技术标准要求

《中华人民共和国安全生产法》（主席令第八十八号，2021年修正）

第三十五条 生产经营单位应当在有较大危险因素的生产经营场所和有关设施、设备上，设置明显的安全警示标志。

《建设工程安全生产管理条例》（国务院令第393号）

第二十八条 施工单位应当在施工现场入口处、施工起重机械、临时用电设施、脚手架、出入通道口、楼梯口、电梯井口、孔洞口、桥梁口、隧道口、基坑边沿、爆破物及有害危险气体和液体存放处等危险部位，设置明显的安全警示标志。安全警示标志必须符合国家标准。

施工单位应当根据不同施工阶段和周围环境及季节、气候的变化，在施工现场采取相应的安全施工措施。施工现场暂时停止施工的，施工单位应当做好现场防护，所需费用由责任方承担，或者按照合同约定执行。

《建筑与市政施工现场安全卫生与职业健康通用规范》（GB 55034—2022）

3 安全管理

3.1 一般规定

3.1.2 施工现场应合理设置安全生产宣传标语和标牌，标牌设置应牢固可靠。应在主要施工部位、作业层面、危险区域以及主要通道口设置安全警示标识。

《水利水电工程施工通用安全技术规程》（SL 398—2007）

3.1.8 施工现场的井、洞、坑、沟、口等危险处应设置明显的警示标志，并应采取加盖板或设置围栏等防护措施。

5.1.12 危险作业场所、机动车道交叉路口、易燃易爆有毒危险物品存放场所、库房、变配电场所以及禁止烟火场所等应设置相应的禁止、指示、警示标志。

★ 应开展的基础工作

（1）监理单位对相关部位的警示标识设置，通过监理通知、整改通知单、监理例会会议纪要等形式，要求施工单位设置相应的警示标识。

（2）监理单位应加强现场巡视，对危险部位警示标识的设置情况和警示标识的维护情况加强监督，如有丢失和损坏，应要求施工单位及时修补。

● 违规行为标准条文

49. 未检查施工单位负责项目管理的技术人员是否在施工前对有关安全施工的技术要求向施工作业班组、作业人员作出详细说明，并由双方签字确认。（一般）

◆ 法律、法规、规范性文件和技术标准要求

《建设工程安全生产管理条例》（国务院令第 393 号）

第二十七条 建设工程施工前，施工单位负责项目管理的技术人员应当对有关安全施工的技术要求向施工作业班组、作业人员作出详细说明，并由双方签字确认。

《水利水电工程施工安全管理导则》（SL 721—2015）

7.6.2 工程开工前，施工单位技术负责人应就工程概况、施工方法、施工工艺、施工程序、安全技术措施和专项施工方案，向施工技术人员、施工作业队（区）负责人、工长、班组长和作业人员进行安全交底。

7.6.3 单项工程或专项施工方案施工前，施工单位技术负责人应组织相关技术人员、施工作业队（区）负责人、工长、班组长和作业人员进行全面、详细的安全技术交底。

7.6.4 各工种施工前，技术人员应进行安全作业技术交底。

7.6.5 每天施工前，班组长应向工人进行施工要求、作业环境的安全交底。

7.6.6 交叉作业时，项目技术负责人应根据工程进展情况定期向相关作业队和作业人员进行安全技术交底。

7.6.7 施工过程中，施工条件或作业环境发生变化的，应补充交底；相同项目连续施工超过一个月或不连续重复施工的，应重新交底。

7.6.8 安全技术交底应填写安全交底单，由交底人与被交底人签字确认。安全交底单应及时归档。

7.6.9 安全技术交底必须在施工作业前进行，任何项目在没有交底前不得进行施工作业。

★ 应开展的基础工作

（1）监理单位应监督施工单位相关人员认真开展三级教育，同时应对教育培训的内容进行审核，针对不同人员开展针对性安全教育培训。

（2）必要时，监理单位可参加施工单位组织的安全教育和培训。

（3）监理单位应督促施工单位对新进场的施工队伍和人员开展针对性的安全教育培训。监理单位在开展现场巡视时，针对施工作业人员进行询问。可简要考核施工人员关于本岗位的安全注意事项和要点，并在巡视记录中体现。

（4）必要时，可要求施工单位加强安全教育培训的频次。

● 违规行为标准条文

50. 未检查施工单位生产安全事故应急救援预案制定和演练情况；未按规定检查应急救援物资和器材的配备情况。（一般）

◆ 法律、法规、规范性文件和技术标准要求

《水利水电工程施工安全管理导则》（SL 721—2015）

11.4.6 项目法人、施工单位应组织制定建设项目重大危险源事故应急预案，建立应急救援组织或者配备应急救援人员、必要的防护装备及应急救援器材、设备、物资，并保障其完好和方便使用。

13.1.3 施工单位应根据项目生产安全事故应急救援预案，组织制定施工现场生产安全事故应急救援预案、专项应急预案、现场处置方案，经监理单位审核，报项目法人备案。

《生产安全事故应急预案管理办法》（应急管理部令第2号，2019年修正）

第三十三条 生产经营单位应当制定本单位的应急预案演练计划，根据本单位的事故风险特点，每年至少组织一次综合应急预案演练或者专项应急预案演练，每半年至少组织一次现场处置方案演练。

易燃易爆物品、危险化学品等危险物品的生产、经营、储存、运输单位，矿山、金属冶炼、城市轨道交通运营、建筑施工单位，以及宾馆、商场、娱乐场所、旅游景区等人员密集场所经营单位，应当至少每半年组织一次生产安全事故应急预案演练，并将演练情况报送所在地县级以上地方人民政府负有安全生产监督管理职责的部门。

县级以上地方人民政府负有安全生产监督管理职责的部门应当对本行政区域内前款规定的重点生产经营单位的生产安全事故应急救援预案演练进行抽查；发现演练不符合要求的，应当责令限期改正。

第三十四条 应急预案演练结束后，应急预案演练组织单位应当对应急预案演练效果进行评估，撰写应急预案演练评估报告，分析存在的问题，并对应急预案提出修订意见。

《生产安全事故应急条例》（国务院令第708号）

第十一条 应急救援队伍的应急救援人员应当具备必要的专业知识、技能、身体素质和心理素质。

应急救援队伍建立单位或者兼职应急救援人员所在单位应当按照国家有关规定对应急救援人员进行培训；应急救援人员经培训合格后，方可参加应急救援工作。

应急救援队伍应当配备必要的应急救援装备和物资，并定期组织训练。

第十三条 县级以上地方人民政府应当根据本行政区域内可能发生的生产安全事故的特点和危害，储备必要的应急救援装备和物资，并及时更新和补充。

易燃易爆物品、危险化学品等危险物品的生产、经营、储存、运输单位，矿山、金属冶炼、城市轨道交通运营、建筑施工单位，以及宾馆、商场、娱乐场所、旅游景区等人员密集场所经营单位，应当根据本单位可能发生的生产安全事故的特点和危害，配备必要的灭火、排水、通风以及危险物品稀释、掩埋、收集等应急救援器材、设备和物资，并进行经常性维护、保养，保证正常运转。

★ 应开展的基础工作

（1）各参建单位进场后，监理单位应要求施工单位及时上报相关应急预案，包含但不限于综合性应急预案、根据项目建设情况的专项应急预案、防汛度汛方案等。监理单位应对施工单位上报的各类应急预案进行审核，并报建设单位。

（2）在不同的施工时间段，要求施工单位开展针对性演练，监理单位也应参加相关演练。

（3）演练完成后，及时收集施工单位的演练记录表、评价表和演练总结。根据演练情况，施工单位如需修改应急预案的，监理单位应将修改好的应急预案进行审核并报建设单位备案。

第十五章

其 他

● 违规行为标准条文

51. 监理机构未为现场监理人员配备必要的劳动防护用品，或监理人员未正确佩戴使用劳动防护用品。（严重）

◆ 法律、法规、规范性文件和技术标准要求

《中华人民共和国安全生产法》（主席令第八十八号，2021年修正）

第四十五条　生产经营单位必须为从业人员提供符合国家标准或者行业标准的劳动防护用品，并监督、教育从业人员按照使用规则佩戴、使用。

第四十七条　生产经营单位应当安排用于配备劳动防护用品、进行安全生产培训的经费。

第五十七条　从业人员在作业过程中，应当严格落实岗位安全责任，遵守本单位的安全生产规章制度和操作规程，服从管理，正确佩戴和使用劳动防护用品。

第九十九条　生产经营单位有下列行为之一的，责令限期改正，处五万元以下的罚款；逾期未改正的，处五万元以上二十万元以下的罚款，对其直接负责的主管人员和其他直接责任人员处一万元以上二万元以下的罚款；情节严重的，责令停产停业整顿；构成犯罪的，依照刑法有关规定追究刑事责任：

（一）未在有较大危险因素的生产经营场所和有关设施、设备上设置明显的安全警示标志的；

（二）安全设备的安装、使用、检测、改造和报废不符合国家标准或者行业标准的；

（三）未对安全设备进行经常性维护、保养和定期检测的；

（四）关闭、破坏直接关系生产安全的监控、报警、防护、救生设备、设施，或者篡改、隐瞒、销毁其相关数据、信息的；

（五）未为从业人员提供符合国家标准或者行业标准的劳动防护用品的；

（六）危险物品的容器、运输工具，以及涉及人身安全、危险性较大的海洋石油开采特种设备和矿山井下特种设备未经具有专业资质的机构检测、检验合格，取得安全使用证或者安全标志，投入使用的；

（七）使用应当淘汰的危及生产安全的工艺、设备的；

（八）餐饮等行业的生产经营单位使用燃气未安装可燃气体报警装置的。

《中华人民共和国劳动法》（主席令第二十五号，2018年修正）

第五十四条　用人单位必须为劳动者提供符合国家规定的劳动安全卫生条件和必要的劳动防护用品，对从事有职业危害作业的劳动者应当定期进行健康检查。

《水利工程施工监理规范》（SL 288—2014）

6.5.1　根据施工现场监理工作需要，监理机构应为现场监理人员配备必要的安全防护用具。

《水利水电工程施工安全防护设施技术规范》（SL 714—2015）

3.12　安全防护用品

3.12.1　施工生产使用的安全防护用品如安全帽、安全带、安全网等，应符合国家规定的质量标准，具有厂家安全生产许可证、产品合格证和安全鉴定合格证，否则不应采购、发放和使用。

3.12.2　安全防护用品应按规定要求正确使用，不应使用超过使用期限的安全防护用具；常用安全防护用具应经常检查和定期实验，其检查实验的要求和周期应符合有关规定。

3.12.3　安全防护用具，严禁作其他工具使用，并应妥善保管，安全帽、安全带等应放在空气流通、干燥处。

《水利水电工程施工通用安全技术规程》（SL 398—2007）

3.9.4　施工现场作业人员，应遵守以下基本要求：

1　进入施工现场，应按规定穿戴安全帽、工作服、工作鞋等防护用品，正确使用安全绳、安全带等安全防护用具及工具，严禁穿拖鞋、高跟鞋或赤脚进入施工现场。

2　应遵守岗位责任制和执行交接班制度，坚守工作岗位，不应擅离岗位或从事与岗位无关的事情。未经许可，不应将自己的工作交给别人，更不应随意操作别人的机械设备。

3　严禁酒后作业。

4　严禁在铁路、公路、洞口、陡坡、高处及水上边缘、滚石坍塌地段、设备运行通道等危险地带停留和休息。

5　上下班应按规定的道路行走，严禁跳车、爬车、强行搭车。

6　起重、挖掘机等施工作业时，非作业人员严禁进入其工作范围内。

7　高处作业时，不应向外、向下抛掷物件。

8　严禁乱拉电源线路和随意移动、启动机电设备。

9　不应随意移动、拆除、损坏安全卫生及环境保护设施和警示标志。

★ 应开展的基础工作

（1）监理单位应依据国家法律法规要求，为全体项目监理人员配备合格的劳动防护用品。劳动防护用品应购买符合国家强制性标准规格的正规产品，采购人员应收集相关劳动防护用品的出厂合格证明材料和出厂检测报告等。

（2）监理单位应定期开展对职工的日常安全教育和培训，必要时建立内部奖惩制度，督促相关人员正确有效佩戴劳动防护用品。

（3）监理单位应建立安全防护用品发放台账，留存安全防护用品发放记录。

（4）监理单位应在日常巡查中对施工单位从业人员安全防护用品的穿戴情况进行监督检查。

● 违规行为标准条文

52. 未按照国家的有关规定为工程现场监理人员购买工伤保险及其他有关险种。（一般）

◆ 法律、法规、规范性文件和技术标准要求

《中华人民共和国安全生产法》（主席令第八十八号，2021年修正）

第五十一条　生产经营单位必须依法参加工伤保险，为从业人员缴纳保险费。

国家鼓励生产经营单位投保安全生产责任保险；属于国家规定的高危行业、领域的生产经营单位，应当投保安全生产责任保险。具体范围和实施办法由国务院应急管理部门会同国务院财政部门、国务院保险监督管理机构和相关行业主管部门制定。

第五十二条　生产经营单位与从业人员订立的劳动合同，应当载明有关保障从业人员劳动安全、防止职业危害的事项，以及依法为从业人员办理工伤保险的事项。

生产经营单位不得以任何形式与从业人员订立协议，免除或者减轻其对从业人员因生产安全事故伤亡依法应承担的责任。

《中华人民共和国社会保险法》（主席令第二十五号，2018年修正）

第三十三条　职工应当参加工伤保险，由用人单位缴纳工伤保险费，职工不缴纳工伤保险费。

《水利工程施工监理规范》（SL 288—2014）

3.1.4　监理单位应按照国家的有关规定为工程现场监理人员购买人身意外保险及其他有关险种。

★ 应开展的基础工作

（1）监理单位应依规对全部职工办理工伤保险，并缴纳费用。

（2）项目现场应注意留存参加工伤保险的相关资料，如参加工伤保险缴费记录及相关完税证明，做好相关登记。

● 违规行为标准条文

53. 故意提供虚假情况，或隐瞒存在的事故隐患以及其他安全问题。（严重）

◆ 法律、法规、规范性文件和技术标准要求

《中华人民共和国安全生产法》（主席令第八十八号，2021 年修正）

第一百一十一条　有关地方人民政府、负有安全生产监督管理职责的部门，对生产安全事故隐瞒不报、谎报或者迟报的，对直接负责的主管人员和其他直接责任人员依法给予处分；构成犯罪的，依照刑法有关规定追究刑事责任。

《中华人民共和国刑法》（主席令第十八号，2023 年修正）

第一百三十九条之一　在安全事故发生后，负有报告职责的人员不报或者谎报事故情况，贻误事故抢救，情节严重的，处三年以下有期徒刑或者拘役；情节特别严重的，处三年以上七年以下有期徒刑。

《国务院关于特大安全事故行政责任追究的规定》（国务院令第 302 号，2001 年）

第十六条　特大安全事故发生后，有关县（市、区）、市（地、州）和省、自治区、直辖市人民政府及政府有关部门应当按照国家规定的程序和时限立即上报，不得隐瞒不报、谎报或者拖延报告，并应当配合、协助事故调查，不得以任何方式阻碍、干涉事故调查。

特大安全事故发生后，有关地方人民政府及政府有关部门违反前款规定的，对政府主要领导人和政府部门正职负责人给予降级的行政处分。

《水利安全生产监督管理办法（试行）》（水利部水监督〔2021〕412 号）

第二十一条　各级水行政主管部门、流域管理机构应当建立健全安全风险分级管控和隐患排查治理制度标准体系，建立安全风险数据库，实行差异化监管，督促指导水利生产经营单位开展危险源辨识和风险评价，加强对重大危险源和风险等级为重大的一般危险源的管控。

各级水行政主管部门、流域管理机构应当将隐患排查治理作为本辖区（单位）水利安全生产监督管理的重要内容，加强督促指导和监督检查，对水利生产经营单位未建立事故隐患排查治理制度，未及时排查并采取措施消除事故隐患，未如实记录事故隐患排查治理情况或者未向从业人员通报等行为，按照有关规定追究责任。地方水行政主管部门应当建立健全重大事故隐患督办制度，督促指导水利生产经营单位及时消除重大事故隐患。

《安全生产违法行为行政处罚办法》（安监总局令第 77 号，2015 年修正）

第四十五条　生产经营单位及其主要负责人或者其他人员有下列行为之一的，给予警告，并可以对生产经营单位处 1 万元以上 3 万元以下罚款，对其主要负责人、其他有关人员处 1 千元以上 1 万元以下的罚款：

（一）违反操作规程或者安全管理规定作业的；

（二）违章指挥从业人员或者强令从业人员违章、冒险作业的；

（三）发现从业人员违章作业不加制止的；

（四）超过核定的生产能力、强度或者定员进行生产的；

（五）对被查封或者扣押的设施、设备、器材、危险物品和作业场所，擅自启封或者使用的；

（六）故意提供虚假情况或者隐瞒存在的事故隐患以及其他安全问题的；

（七）拒不执行安全监管监察部门依法下达的安全监管监察指令的。

《水利工程建设监理规定》（水利部令第49号，2017年修正）

第二十九条　监理单位有下列行为之一的，依照《建设工程安全生产管理条例》第五十七条处罚：

（一）未对施工组织设计中的安全技术措施或者专项施工方案进行审查的；

（二）发现安全事故隐患未及时要求施工单位整改或者暂时停止施工的；

（三）施工单位拒不整改或者不停止施工，未及时向有关水行政主管部门或者流域管理机构报告的；

（四）未依照法律、法规和工程建设强制性标准实施监理的。

第三十条　监理单位有下列行为之一的，责令改正，给予警告；情节严重的，降低资质等级：

（一）聘用无相应监理人员资格的人员从事监理业务的；

（二）隐瞒有关情况、拒绝提供材料或者提供虚假材料的。

《建设工程安全生产管理条例》（国务院令第393号）

第五十七条　违反本条例的规定，工程监理单位有下列行为之一的，责令限期改正；逾期未改正的，责令停业整顿，并处10万元以上30万元以下的罚款；情节严重的，降低资质等级，直至吊销资质证书；造成重大安全事故，构成犯罪的，对直接责任人员，依照刑法有关规定追究刑事责任；造成损失的，依法承担赔偿责任：

（一）未对施工组织设计中的安全技术措施或者专项施工方案进行审查的；

（二）发现安全事故隐患未及时要求施工单位整改或者暂时停止施工的；

（三）施工单位拒不整改或者不停止施工，未及时向有关主管部门报告的；

（四）未依照法律、法规和工程建设强制性标准实施监理的。

★ 应开展的基础工作

（1）如实、完整地向调查单位和人员提供相关信息。

（2）如实反映施工现场存在的事故隐患和危险源信息等安全相关信息，根据国家开展的相关信息化建设系统，填报相关信息。

（3）要求施工单位对相关隐患开展隐患治理和相关控制措施。监理单位应加强对事故隐患的日常巡视检查，并做好文字记录。

违规行为标准条文

54. 拒绝、阻碍负有安全生产监督管理职责的部门依法实施监督检查。（严重）

法律、法规、规范性文件和技术标准要求

《中华人民共和国安全生产法》（主席令第八十八号，2021年修正）

第六十六条　生产经营单位对负有安全生产监督管理职责的部门的监督检查人员（以下统称安全生产监督检查人员）依法履行监督检查职责，应当予以配合，不得拒绝、阻挠。

第八十八条　任何单位和个人不得阻挠和干涉对事故的依法调查处理。

第一百零八条　违反本法规定，生产经营单位拒绝、阻碍负有安全生产监督管理职责的部门依法实施监督检查的，责令改正；拒不改正的，处二万元以上二十万元以下的罚款；对其直接负责的主管人员和其他直接责任人员处一万元以上二万元以下的罚款；构成犯罪的，依照刑法有关规定追究刑事责任。

《水利工程建设安全生产管理规定》（水利部令第50号，2019年修正）

第二十六条　水行政主管部门和流域管理机构按照分级管理权限，负责水利工程建设安全生产的监督管理。水行政主管部门或者流域管理机构委托的安全生产监督机构，负责水利工程施工现场的具体监督检查工作。

第二十七条　水利部负责全国水利工程建设安全生产的监督管理工作，其主要职责是：

（一）贯彻、执行国家有关安全生产的法律、法规和政策，制定有关水利工程建设安全生产的规章、规范性文件和技术标准；

（二）监督、指导全国水利工程建设安全生产工作，组织开展对全国水利工程建设安全生产情况的监督检查；

（三）组织、指导全国水利工程建设安全生产监督机构的建设、管理以及水利水电工程施工单位的主要负责人、项目负责人和专职安全生产管理人员的安全生产考核工作。

第二十八条　流域管理机构负责所管辖的水利工程建设项目的安全生产监督工作。

第二十九条　省、自治区、直辖市人民政府水行政主管部门负责本行政区域内所管辖的水利工程建设安全生产的监督管理工作，其主要职责是：

（一）贯彻、执行有关安全生产的法律、法规、规章、政策和技术标准，制定地方有关水利工程建设安全生产的规范性文件；

（二）监督、指导本行政区域内所管辖的水利工程建设安全生产工作，组织开展对本行政区域内所管辖的水利工程建设安全生产情况的监督检查；

（三）组织、指导本行政区域内水利工程建设安全生产监督机构的建设工作以及有关的水利水电工程施工单位的主要负责人、项目负责人和专职安全生产管理人员的安全生产考核工作。

市、县级人民政府水行政主管部门水利工程建设安全生产的监督管理职责，由省、自治区、直辖市人民政府水行政主管部门规定。

第三十条　水行政主管部门或者流域管理机构委托的安全生产监督机构，应当严格按照有关安全生产的法律、法规、规章和技术标准，对水利工程施工现场实施监督检查。

安全生产监督机构应当配备一定数量的专职安全生产监督人员。

第三十一条　水行政主管部门或者其委托的安全生产监督机构应当自收到本规定第九条和第十一条规定的有关备案资料后20日内，将有关备案资料抄送同级安全生产监督管理部门。流域管理机构抄送项目所在地省级安全生产监督管理部门，并报水利部备案。

第三十二条　水行政主管部门、流域管理机构或者其委托的安全生产监督机构依法履行安全生产监督检查职责时，有权采取下列措施：

（一）要求被检查单位提供有关安全生产的文件和资料；

（二）进入被检查单位施工现场进行检查；

（三）纠正施工中违反安全生产要求的行为；

（四）对检查中发现的安全事故隐患，责令立即排除；重大安全事故隐患排除前或者排除过程中无法保证安全的，责令从危险区域内撤出作业人员或者暂时停止施工。

第三十三条　各级水行政主管部门和流域管理机构应当建立举报制度，及时受理对水利工程建设生产安全事故及安全事故隐患的检举、控告和投诉；对超出管理权限的，应当及时转送有管理权限的部门。举报制度应当包括以下内容：

（一）公布举报电话、信箱或者电子邮件地址，受理对水利工程建设安全生产的举报；

（二）对举报事项进行调查核实，并形成书面材料；

（三）督促落实整顿措施，依法作出处理。

《安全生产违法行为行政处罚办法》（安监总局令第77号，2015年修正）

第五十五条　生产经营单位及其有关人员有下列情形之一的，应当从重处罚：

（一）危及公共安全或者其他生产经营单位安全的，经责令限期改正，逾期未改正的；

（二）一年内因同一违法行为受到两次以上行政处罚的；

（三）拒不整改或者整改不力，其违法行为呈持续状态的；

（四）拒绝、阻碍或者以暴力威胁行政执法人员的。

★ 应开展的基础工作

（1）依据国家法律法规和规范要求，接受上级单位和建设项目相关部门的监督检查工作。

（2）如实、完整地提供检查组需要的信息和情况。

（3）认真整改落实检查组提出的相关问题，并监督建设单位关于问题的整改情况，审核整改汇报并提出修改意见。

（4）应积极配合负有安全生产监督管理职责的部门依法实施监督检查。

（5）应监督并积极配合负有安全生产监督管理职责的部门依法实施监督检查。